Bei welchen im Maschinenbau üblichen Löhnungsverfahren sind Tarifverträge möglich?

Wissenschaftliche Abhandlung
zur Erlangung der Würde
eines Doktor-Ingenieurs

Der königlichen Technischen Hochschule zu Berlin
vorgelegt am 16. Dezember 1912
von Dipl.-Ing. Ernst Weißhuhn
aus Berlin

Genehmigt am 30. April 1913

1913
Springer-Verlag Berlin Heidelberg GmbH

ISBN 978-3-662-24502-6   ISBN 978-3-662-26646-5 (eBook)
DOI 10.1007/978-3-662-26646-5

Referent: Professor Dr.-Ing. Schlesinger.

Korreferent: Professor Dr. Herkner.

Inhaltsübersicht.

I. Aufgabe der Tarifverträge.

Der Tarifvertrag bezweckt die Regelung der Löhne und der anderen Arbeitsbedingungen.[1]) Er bringt Ruhe und Stetigkeit für die Vertragsdauer in die gegenseitige Abhängigkeit von Arbeitgeber und Arbeitnehmer und versucht, die widerstrebenden Interessen dieser beiden Parteien zu vereinigen. An Stelle des Kampfes wird ein vertraglicher Ausgleich für eine Reihe von Jahren vereinbart.

Der schwierigste Teil des Tarifvertrages ist die Festlegung des Verhältnisses von Unternehmergewinn zum Arbeiterlohn. Diese Frage, die beeinflußt wird von allen Teilen unserer gesamten Wirtschaftsweise, wird heute meist gelöst durch Festlegung eines Lohnminimums für den Arbeiter, wobei die Höhe dieses Minimums sich bestimmt durch die Forderung des Arbeiters, daß ihm eine seinem Stande und seiner Kultur entsprechende Existenzmöglichkeit gegeben wird. Professor Dr. H. Herkner sagt darüber auf Seite 141 seines Buches über „Die Arbeiterfrage": „Als notwendiges Minimum gilt der Betrag, der erforderlich ist, um den Arbeiter und seine Familie von durchschnittlichem Umfange die zur Erhaltung der vollen physischen und geistigen Arbeitsfähigkeit ausreichende Lebensweise zu ermöglichen. So strittig im konkreten Falle die Bestimmung dieser Größe sein mag, so wenig kann der Grundsatz selbst angefochten werden. Genügt der Lohn diesen Ansprüchen nicht, so ist Raubbau an dem im Volke liegenden Arbeitskapital, so ist vorzeitige Abnutzung und Erschöpfung der Arbeitskraft die unausbleibliche Folge. Die Arbeit spendet dann nicht Leben, sondern Siechtum und Tod, es sei denn, daß im Wege der Armenpflege, also auf Kosten der Gesellschaft, dasjenige beigesteuert wird, was zur Ergänzung des Lohnes notwendig ist. Es sind des-

---

[1]) Köppe, Der Arbeitstarifvertrag als Gesetzgebungsproblem, S. 18 u. 19. — Philipp Lotmar, Der Arbeitsvertrag nach dem Privatrecht des deutschen Reiches.

halb Gewerbe, die auskömmliche Löhne nicht gewähren, nicht mit Unrecht als parasitäre Gebilde gebrandmarkt worden." Diese Frage der Entlöhnung für eine geleistete Arbeit, die Forderung der Festsetzung eines gerechten Lohnes, gerecht im Sinne von Arbeitgeber und Arbeitnehmer, kann man als Hauptaufgabe unserer Tarifverträge betrachten. Dagegen treten die Fragen der Regelung der andern Arbeitsbedingungen zurück oder sind nur die Hilfsmittel der Umgrenzung des gerechten Lohnes. Sie bilden nicht wie diese erst genannten, um mit Lotmar zu sprechen, „den inhaltlichen Kern des Tarifvertrages, sondern bloß seine schützende Hülle".

Bestehende Tarifverträge, die die Lohnfrage nicht berühren und sich nur mit der Regelung der anderen Arbeitsbedingungen befassen, sind meist Vorstufen eines späteren Tarifes mit Regelung der Lohnverhältnisse, da augenblicklich eine Einigung in diesem Punkte nicht möglich erscheint.

Während früher Angebot und Nachfrage die Lohnhöhe bestimmten, schaltet der Tarifvertrag in gewissem Maße diesen Einfluß aus, da selbst bei lebhaftem Angebot und geringer Nachfrage die Tariflohnsätze eingehalten werden müssen. An Stelle der Ausnutzung der Konjunktur und an Stelle der aus dieser Ausnutzung sich ergebenden Zufallsgewinne, d. h. solcher Gewinne, an deren Höhe die Beteiligten nicht Schuld haben, sondern die sich durch die Zufallsgestaltung anderer wirtschaftlicher Faktoren ergaben, soll treten eine Entlöhnung, die der geleisteten Arbeit entspricht. Für die Leistung einer bestimmten Arbeit, für einen bestimmten Arbeitsbetrag ist ein diesem Betrage entsprechender gerechter Geldbetrag zu geben. (Für eine geleistete Arbeit oder, wie man versucht wird zu sagen, „für eine Arbeitsleistung" ist hier immer der Ausdruck „Arbeitsbetrag" benutzt worden; der Ausdruck „Arbeitsleistung" wurde deshalb nicht gewählt, weil er gebraucht wird für den mathematischen Begriff: $m \times kg/sek.$, und eine Verwechslung dieser Begriffe möglich erschien.) Hierin liegt die Hauptaufgabe der Tarifverträge!

Dann lautet die gestellte Frage: Bei welchen im Maschinenbau üblichen Löhnungsverfahren ist ein absolut gerechter Lohn möglich, und wie können Tarifverträge diese Forderung erfüllen?

II. Zur Theorie des gerechten Lohnes.

A. Messung von Arbeitsbeträgen.

Hier ist zuerst die Frage aufzuwerfen, auf welche Weise Arbeitsbeträge überhaupt meßbar sind; denn erst dann, wenn man eine Art Maßeinheit zur Messung von Arbeitsbeträgen hat, kann an eine gerechte Beurteilung der Größe von Arbeitsbeträgen herangegangen werden.

Entlohnt werden Arbeitsbeträge durch Geldbeträge. Es liegt nahe, die Frage aufzuwerfen, ob Geld ein Maßstab für Arbeitsbeträge sein kann. Von einem Maßstab wird verlangt, daß er selbst eine unwandelbare Größe ist, daß sein Wert sich niemals ändert oder aber, falls er sich ändert, die Änderung nach bestimmten Gesetzen erfolgt, so daß bei Benutzung dieses Maßstabes durch Zuhilfenahme eines Korrektionsfaktors diese Änderung berücksichtigt werden kann. Nun ist der Tauschartikel „Geld" eine nach mehreren Richtungen veränderliche Größe, abhängig z. B. von Ort und Zeit; besonders ist der Wert des Geldes abhängig vom Ort. Nur dort, wo die Kosten für den Unterhalt, für Wohnung, Nahrung, Kleidung, die Befriedigung anderer Bedürfnisse des täglichen Lebens dieselben sind, ist der Wert des Geldes ungefähr gleich groß. Die Schwankungen des Wertmaßes Geld, verursacht durch die örtlichen Verhältnisse, können korrigiert werden durch die örtlichen Zuschläge, durch die Servisklassen. Wenn man auf diese Weise die Schwankungen des Wertes des Geldes ausgleicht, so ist es wohl denkbar, gleiche Arbeitsbeträge durch Geldbeträge zu entlohnen, d. h. mit anderen Worten, man erhält für einen Arbeitsbetrag den Tauschartikel Geld, für den man wiederum andere notwendige Gegenstände sich eintauscht. Eine gerechte Maßeinheit zur Messung der Grösse von Arbeitsbeträgen ist aber das Geld nicht, sondern höchstens ein augenblicklicher Vergleichsmaßstab für die Bewertung eines Arbeitsbetrages gegenüber einem anderen Arbeitsbetrage. Da diese Bewertung abhängig sein kann von Angebot und Nachfrage, so ist es denkbar, daß ein größerer Arbeitsbetrag für den geringe Nachfrage vorhanden ist, gegenüber einem kleineren Arbeitsbetrage, der sehr begehrt ist, eingetauscht wird.

Erhält z. B. der Arbeiter einer Fabrik als Wochenlohn für 54 Stunden Arbeitszeit 25 Mark, und bezahlt er mit diesen 25 Mark einen ländlichen Arbeiter, der ihm vielleicht seinen Acker während der letzten 14 Tage umgepflügt hat, so ist sein Arbeitsbetrag der ganzen Woche mit 25 Mark, der Arbeitsbetrag des Landarbeiters mit 12,50 Mark bewertet worden; ob diese Stufung dem wirklichen gegenseitigen Wert der geleisteten Arbeit entspricht, ist damit nicht gesagt, es ist z. B. sehr gut denkbar, daß infolge des reichlichen Angebots ländlicher Arbeitskräfte der Arbeitsbetrag dieser Arbeiterschicht mit 12,50 Mark viel zu gering bewertet wurde.

Sehr häufig wird also, wie oben gesagt, der Geldbetrag der für einen Arbeitsbetrag gegeben wird, beeinflußt durch das Angebot und die Nachfrage. Es ist hervorzuheben, daß diese Abhängigkeit von Angebot und Nachfrage sicher nicht beanspruchen kann, eine gerechte Form der Entlöhnung für Arbeitsbeträge zu sein. Weder kann man die Ausnutzung der Notlage des Arbeitnehmers bei Überangebot von Arbeitskräften durch geringe Bezahlung für eine geleistete Arbeit gerecht nennen, noch kann bei geringem Angebot von Arbeitskräften die Ausnutzung der Zwangslage des Arbeitgebers durch hohe Lohnforderung Anspruch auf Gerechtigkeit machen. Ein gerechtes Maß für die Entlöhnung von Arbeitsbeträgen muß vielmehr ganz unabhängig sein von Angebot und Nachfrage. Die Tarifverträge schalten heute schon durch Festsetzung von Minimallohnsätzen die Abhängigkeit teilweise aus. Weiter wird der Einfluß von Angebot und Nachfrage verringert werden durch wirklich freie Konkurrenz. Ist freier Wettbewerb vorhanden, so wird der genannte Einfluß sich vielfach ausgleichen lassen durch Zuströmen von Arbeitern zu den Orten des geringeren Angebots von Arbeitskräften.[1]

Angenommen, die Arbeitsbeträge einer besonderen Schicht von Arbeitnehmern würden, da das Angebot klein und die Nachfrage groß ist, gut bezahlt, so würden andere, weniger gut bezahlte Schichten sofort danach streben, sich zu dieser gut bezahlten Schicht empor zu arbeiten. Ist dieses Emporarbeiten ohne besonderen

---

[1] Siehe Oppenheimer, Die soziale Frage und der Sozialismus, S. 43 u. f.

Beck, Gerechter Arbeitslohn, S. 24 u. 25.

Aufwand möglich, so werden viele versuchen, die Arbeiten der gut
bezahlten Schicht zu lernen, und solche Arbeiten zu übernehmen.
Solche Überbezahlungen finden sich vorübergehend öfter in der
Industrie. Ist das Angebot von Kraftwagenführern geringer als
die Nachfrage, demnach die Bezahlung besonders hoch, so werden
viele Schlosser versuchen, Kraftwagenführer zu werden, da ihnen
dort ein höherer Lohn sicher zu sein scheint. Das geht so lange,
bis Kraftwagenführer zur Genüge vorhanden sind; tritt sogar
vielleicht ein Überangebot ein, so geht der Lohn schnell zurück.
So war vor zwei Jahrzehnten das Angebot von mittleren technischen
Beamten sehr gering, und die Nachfrage sehr groß, daher wurden
für die genannten Schichten reichlich hohe Löhne gezahlt. Darauf-
hin wurden viele veranlaßt, sich diesem Berufe zuzuwenden. Das
Angebot stieg, die Nachfrage nicht in gleichem Masse, die Löhne
fielen. Heute ist das Angebot reichlich, und man sieht, daß die
betreffenden Arbeitnehmerschichten bewußt bestrebt sind, das
Angebot jetzt gering zu halten, indem sie vor dem Berufe warnen.
Dadurch soll bei der naturgemäß durch Vergrößerung der Industrie
sich steigernden Nachfrage eine höhere Entlöhnung doch schließlich für gleiche Arbeitsbeträge wie früher erzwungen werden.

Sollte dieses wirklich erreicht werden, so wird sich das Spiel
wiederholen. Es werden sich wieder mehr dem Beruf zuwenden,
ihn auffüllen und die Entlöhnung wird sich verringern. Bei freier
Konkurrenz wird also Angebot und Nachfrage nur vorübergehenden
Einfluß auf die Bewertung von Arbeitsbeträgen durch Geldbeträge
haben. Bei nicht freier Konkurrenz, bei Monopolarbeiterschichten
erhalten diese Schichten einen Mehrwert der über dem natürlichen
Wert der geleisteten Arbeit des Arbeitsbetrages liegt. Sicher ist,
daß bei gerechter Entlöhnung freie Konkurrenz vorhanden sein
muß, um Angebot und Nachfrage im natürlichen Spiel auszugleichen.
Jedenfalls dürfen Tarifverträge nicht fußen auf zufällige Preis-
bildungen, verursacht durch Angebot und Nachfrage.

Als Maßstab für die Bewertung von Arbeitsbeträgen wird vielfach empfohlen „der wirtschaftliche Erfolg " der geleisteten Arbeit;
so sagt Mitthoff[1]): „Der Ertrag der Produktion ist unter die

---

[1]) Schönberg's Handwörterbuch der politischen Ökonomie, 2. Auf-
lage, 1. Band, S. 692.

an der Herstellung der Güter Beteiligten so zu teilen, daß jedem das Produkt seiner Leistung zufällt".

Ganz abgesehen davon, daß die gerechte Aufteilung des Ertrages für die Arbeiterlöhne einerseits und die Unternehmergewinne andererseits sich praktisch außerordentlich schwer durchführen lassen dürfte, so ist das Prinzip deshalb keine gerechte Entlöhnung, weil der gleiche Arbeitsbetrag in einer gutgeleiteten Unternehmung oder während einer Periode der Hochkonjunktur besser entlohnt wird als in einem verwahrlosten Unternehmen oder in einer Zeit des schlechten Geschäftsganges. Danach müßte z. B. eine Aktienunternehmung, deren Aktien in einem Jahre auf 350 ständen, ein Jahr später nur etwa 175 Kurs haben, ihre Arbeiter um 50 % im Lohn kürzen dürfen. Ein gerechter Maßstab verlangt aber „immer und zu allen Zeiten gleiche Entlöhnung für gleiche Arbeitsbeträge." Von diesem Standpunkt aus ist also das eben genannte Prinzip vollkommen zu verwerfen, denn es ist auch abhängig von Angebot und Nachfrage und schafft eventuell Entlöhnungen, die in gar keinem Verhältnis zur aufgewendeten Arbeit, zum Arbeitsbetrage stehen.

Die große Schwierigkeit, einen gerechten Maßstab für Arbeitsbeträge zu finden, liegt vor allen Dingen in der Verschiedenartigkeit der geleisteten Arbeit. Man kann verschiedenartige Dinge nicht mit gleichem Maße messen, besonders wird sich sehr schwierig gestalten, eine Einheit für rein körperliche und rein geistige Arbeitsbeträge festzulegen. In den Tarifverträgen des Maschinenbaues werden rein geistige Arbeiten nicht vorkommen, sondern es wird sich immer handeln um rein körperliche Arbeiten oder aber um körperliche Arbeiten, die mit etwas geistiger Tätigkeit verbunden sind. Die meisten Arbeiten im Maschinenbau erfordern körperliche Bewegungen, die aneinander gereiht werden nach Maßgabe einer aus der Beobachtung des Stückes sich ergebenden Überlegung. Meist sind diese Überlegungen von dem Einzelnen so häufig gemacht worden, daß er „ohne Überlegung" die eine körperliche Bewegung an die andere richtig anreiht. Professor Kammerer bezeichnet den so arbeitenden Menschen als Muskelmaschine. Dem gegenüber steht der denkende Arbeiter. Von diesem werden nicht nur einfache, auf Grund häufiger Anwendungen zu ziehende

Schlüsse verlangt, sondern eine Art Erfindung neuer Wege des Aneinanderreihens einzelner körperlicher Bewegungen. Ein Beispiel mache die Sache deutlicher. Der Schmied, der einen Sechskantkopf an einen runden Bolzen durch Anstauchen herstellen soll, wird „rein mechanisch“ die einzelnen hierzu notwendigen vielen körperlichen Handgriffe aneinander reihen. Er ist Muskelmaschine. Seine Tätigkeit kann ersetzt werden und wird auch ersetzt durch eine Schmiedemaschine, die solche Sechskantköpfe durch Anstauchen erzeugt. Hat derselbe Schmied aber eine besondere neue, eigenartige Form eines Schmiedestückes nach Zeichnung herzustellen, so muß er gewissermaßen den Arbeitsgang erst erfinden. Hier ist er denkender Mensch. Später wird gezeigt werden, wie wichtig die Unterscheidung dieser verschiedenartigen Tätigkeiten für die Bewertung von Arbeitsbeträgen ist.

Für rein körperliche Arbeiten hat man versucht, Arbeitsbeträge durch Messung der mechanischen Arbeitsleistung zu vergleichen. Bemerkenswert sind Versuche des Professors Imbert, über welche Dr. Albert Neuburger in der Werkstatttechnik berichtet.[1])

Diese Versuche zeigen, daß die Aufwendungen von rein mechanischer Arbeit, die mit der Maßeinheit: Kraft × Weg gemessen wird, selbst bei rein mechanischen Arbeitsbeträgen nicht allein der richtige Maßstab sind, sondern daß die Geschicklichkeit des Arbeiters, die sich durch Übung steigert, eine große Rolle spielt. Rein als mechanische Arbeit gemessen, wird ein Lehrling beim Feilen eines Stückes viel größere Aufwendungen machen, als der geübte Schlosser. Sicher ist, daß ein ungeschickter Arbeiter einen viel größeren Aufwand an mechanischer Energie zur Erreichung eines bestimmten Arbeitsbetrages nötig hat als der geübte Arbeiter, der die „Kniffe“ kennt. Man denke z. B. nur an Holzspalten! Der Ungeschickte wird hier mit viel größerem Aufwand an körperlicher Kraft bei weitem nicht soviel leisten wie der geschickte, viel geübte Arbeiter; also auch die Messung der aufgewendeten mechanischen Arbeit allein kann kein Maß für Arbeitsbeträge sein.

---

[1]) Werkstatttechnik 1912, S. 529. Revue-generale des sciences, Jahrgang 1911.

Es liegt nahe, wenn man nach einem Maßstab für menschliche Arbeitsbeträge sucht, auf die physiologischen Vorgänge einzugehen, um aus diesen heraus einen Maßstab für die Größe menschlicher Arbeitsbeträge zu erhalten. Über die physiologischen Grundbedingungen äußert sich Herr Professor Herkner in seinem Buche über die Arbeiterfrage auf Seite 130 folgendermaßen: „Physiologisch betrachtet, stellt die menschliche Arbeit eine Verwandlung der potentiellen Energie des eingeatmeten Sauerstoffes und der genossenen Nahrungsmittel in psycho-physische Energien dar, und soweit diese für wirtschaftliche Zwecke verausgabt werden, liegt eben eine wirtschaftliche Arbeit vor. Jede Arbeit bedeutet also einen Energieverbrauch. Wie aber dieser Verbrauch eine gewisse Grenze nicht überschreiten darf, ohne den Organismus zu schädigen, so darf er auch nicht unter einer gewissen Grenze bleiben, wenn die Leistungsfähigkeit nicht Einbuße erleiden soll. Die Betätigung durch die Arbeit begünstigt die Ernährung und Kräftigung der Organe selbst. Insofern steht die Arbeit bei einem vollkommen ausgeruhten Arbeiter zunächst unter sehr günstigen Voraussetzungen. Mit relativ wenig Mühe wird ein grosser Erfolg erzielt. Die während der Ruhezeit angesammelten Energien drängen nach Betätigung, und unter dem Einfluß der Betätigung entwickelt sich die Übung als ein die Arbeitsleistung förderndes Moment. Man „kommt in Zug“, wie es heißt. Bei längerer Dauer der Arbeit aber treten Ermüdungs- und Erschöpfungszustände auf, welche die Arbeitsleistung erschweren, d. h. bei großer Mühe und Anstrengung, ja dauernder Schädigung des Organismus immer schwächere Arbeitsresultate entstehen lassen.“ Hiernach würden also auch die psychologischen Vorgänge zu untersuchen sein, welche auf die Größe der Arbeitsleistung einwirken. Die angewandte Psychologie ist bestrebt, die Gesetze aufzufinden, durch welche die wirtschaftliche Leistung des Menschen bestimmt wird. Sind diese Gesetze bekannt, so kann die geschickte Anwendung der gefundenen Regeln dazu führen, die Leistung qualitativ zu verbessern oder quantitativ zu steigern.[1]

---

[1] Siehe Münsterberg, Psychologie und Wirtschaftsleben, S. 22 u. f.

Diese wirtschaftliche Psychotechnik, wie Münsterberg sie nennt, ist sicher berufen, uns wertvolle Aufschlüsse über die Psychophysik der industriellen Arbeit zu vermitteln. Wenn auch schon eine Reihe hochinteressanter Forschungsarbeiten auf diesem Gebiete vorliegen[1]), auch Versuche über die die menschlichen Arbeitsleistungen bestimmenden Größen, wie die Übung, die Gewöhnung, die Anregung, die Ermüdung, die Willensspannung, vorhanden sind, so sind exakte Maßstäbe zur Messung aller dieser eine wirtschaftliche Arbeit beeinflußenden Größen heute noch schwierig zu erhalten, so daß die Beschreitung dieses Weges zur Messung von Arbeitsbeträgen zu Zwecken der Entlöhnung zurzeit noch nicht zum Ziele führen dürfte. Werden doch die bisher gefundenen Gesetze selbst von den Forschern auf diesem Gebiete noch als Hypothesen betrachtet, die erst noch durch weitere systematische Untersuchungen ergänzt oder bestätigt werden müssen. So sagt Dr. Marie Bernays am Schlusse ihrer Untersuchungen über die Schwankungen der Arbeitsintensität: „Es hat sich gezeigt, daß selbst bei einer so geringen Zahl von Untersuchungen ein Vergleich der Resultate wohl möglich und nicht gänzlich ergebnislos war. Freilich bleiben überall Lücken, Ungenauigkeiten und Zweifel übrig, es wäre durchaus nicht zuläßig, hier irgend welche sicheren Schlüsse ziehen zu wollen.“

Es werde nun angenommen, daß mehrere ganz gleichartige Menschen verschieden große, aber sonst ähnliche Arbeitsbeträge zu liefern haben, also z. B. hätte der eine Tagelöhner einen Sandhaufen von einem Ort zum andern zu bewegen, der andere einen Haufen Sand an einen anderen weiter entfernten Platz zu schaffen,

---

[1]) Mosso, Die Ermüdung, deutsch von Glinzer, Leipzig 1892.

Kraepelin, Die Arbeitskurve, Leipzig 1912.

Schriften des Vereins für Sozialpolitik, Unteisuchungen über Auslese und Anpassung der Arbeiter in den verschiedenen Zweigen der Großindustrie, Leipzig 1912.

Max Weber, Zur Psychophysik der industriellen Arbeit (Archiv für Sozialwissenschaft und Sozialpolitik, 1908 und 1909).

Taylor, The Principles of scientific management, deutsch von Roesler, München 1913.

Bienkowski, Untersuchungen übir Arbeitseignung und Leistungsfähigkeit, Doktor-Dissertation, Königl. Techn. Hochschule zu Berlin, 1910.

oder derselbe Arbeiter habe an einem Tage diesen Sandhaufen, am andern Tage jenen Sandhaufen zu verladen. Die Größe des Arbeitsbetrages wird hier zu messen sein durch die Zeit; die Länge der Arbeitszeit, die Zeitdauer ist hier der Maßstab für die Größe der geleisteten Arbeit, für die Größe des Arbeitsbetrages.

Allgemein wäre also der Satz aufzustellen: Der Arbeitsbetrag ist proportional der Zeit, wenn gleichartige Arbeiten von demselben oder einem gleich leistungsfähigen Menschen ausgeführt werden; nur unter der letzten Einschränkung ist der Satz richtig. Sobald nämlich gleiche Arbeitsbeträge von verschiedenartigen Menschen verschieden schnell ausgeführt werden, was doch sehr häufig der Fall ist, so ist die Zeit nicht mehr allein ein richtiger Maßstab für die Messung von Arbeitsbeträgen, sondern entsprechend den verschiedenen Leistungen der Menschen, entsprechend der verschiedenartigen Geschicklichkeit des Arbeiters für verschiedene Arbeiten muß ein weiterer Maßstab eingeführt werden zum Messen der Unterschiede in den Leistungsfähigkeiten verschiedener Menschen. Für diesen Maßstab sei der Ausdruck „Leistungszahl" vorläufig benutzt.

Diese sogenannte Leistungszahl, deren Begriff später noch näher erläutert werden wird, ist also eine vom Individuum abhängige Größe. Es ist klar, daß damit die Messung von Arbeitsbeträgen außerordentlich schwierig wird, wenn der Maßstab eine vom Menschen abhängige Größe, die Leistungszahl, enthält. Da aber nicht Arbeiten von Maschinen, sondern eben gerade die von den Menschen zu verrichtenden Arbeiten, der von den Menschen geschaffene Arbeitsbetrag durch einen Geldbetrag entlohnt werden soll, so wird bei der Messung eines solchen Arbeitsbetrages sich eine vom Menschen abhängige Größe schwer umgehen lassen. Liegt die Größe eines Arbeitsbetrages einmal fest, so kann dieser Arbeitsbetrag erhalten werden entweder durch einen Menschen mit niedriger Leistungszahl bei hohem Zeitaufwand oder durch einen Menschen von hoher Leistungszahl bei geringem Zeitaufwand. Mit andern Worten: der Arbeitsbetrag ist proportional dem Produkt aus Zeit und Leistungszahl.

Um den Inhalt dieses Begriffes Leistungszahl näher festzustellen, sei angenommen, daß gleiche Arbeitsbeträge in derselben

Zeit in derselben guten Ausführung nicht von zwei verschiedenen Menschen, sondern von zwei verschiedenen Maschinen geliefert würden. Es sei z. B. ein gleiches Stirnrad in gleicher Güte und in gleicher Zeit einmal von einer automatischen Stirnrad-Fräsmaschine nach dem Teilverfahren herzustellen, ein anderes Mal von einer automatischen Abwälzräderfräsmaschine. Sind die Kosten, die die Herstellung auf der einen Maschinen verursacht, geringer als die Kosten der Herstellung auf der anderen Maschine, was ohne weiteres der Fall wäre, wenn die Anschaffungskosten für die Maschine ebenso wie ihre Kosten für die Abschreibung und Instandhaltung geringer sind, d. h. wenn die eine Maschine einer anderen Unkostenklasse angehört, so wird es am vorteilhaftesten sein, bei gleichen Arbeitszeiten die Arbeit auf der Maschine der niedrigsten Unkostenklasse anzufertigen.[1] Bei gleicher Eignung für die Arbeit hat die eine Maschine also eine andere Leistungszahl als die andere. Bei Maschinen setzt sich diese Leistungszahl zusammen aus: Verzinsung und Abschreibung des Anlagekapitals, Instandhaltungs- und Betriebskosten (Kraftverbrauch, Öl usw.). Hat man verschiedene Arbeiten, für welche mehrere Maschinen mit verschiedenen Leistungszahlen gleich geeignet erscheinen, so wird man diejenige Maschine bevorzugen, bei welcher bei gleichen Zeiten die nach obigem zu berechnende Leistungszahl am kleinsten wird, oder wie man bisher sagte, welche in die niedrigste Unkostenklasse gehört. Ist die Leistungszahl für zwei Maschinen gleich, so wird nur die Zeitdauer der Bearbeitung ausschlaggebend sein. Die Herstellung gleicher Arbeitsbeträge wird auf derjenigen Maschine am wirtschaftlichsten erfolgen, bei der das Produkt aus Zeit und Leistungszahl ein Minimum wird.

Auch die Bewertung menschlicher Arbeitsbeträge war proportional dem Produkt der Zeit $\times$ einer Leistungszahl, und es liegt nahe, zu untersuchen, ob dieselben Faktoren, welche die Leistungszahl einer Maschine bestimmten, auch bestimmend sind für die Beurteilung der Leistungszahl bei menschlichen Arbeitsbeträgen.

Es sei daher der Reihe nach untersucht, welche Bedeutung die die Leistungszahl einer Maschine bestimmenden Größen in

---

[1] Siehe Lilienthal: Fabrikorganisation, Fabrikbuchführung und Selbstkostenberechnung der Firma Ludw. Loewe & Co., Akt.-Ges.

ihrer Anwendung für menschliche Arbeitsbeträge haben werden. Es ist dabei nicht beabsichtigt, wie bei Maschinen durch Feststellung von Geldbeträgen die Leistungszahl zahlenmäßig genau zu bestimmen, sondern es soll nur untersucht werden, ob die Stufung der Leistungszahl sowohl verschiedener Arbeiterschichten als auch verschiedener Menschen derselben Schicht sich nach denselben Gesichtspunkten vornehmen lassen könnte, wie sie für die Stufung der Leistungszahl von Maschinen üblich sind. Die bei Maschinen maßgebenden Größen waren: Verzinsung und Abschreibung des Anlagekapitals, Instandhaltungs- und Betriebskosten.

Verzinsung des Anlagekapitals. Dem Anlagekapital bei Maschinen werden bei von Menschen zu leistenden Arbeiten entsprechen alle Aufwendungen, die nötig waren, um den Menschen instandzusetzen, die verlangte Arbeit auszuführen. Hierzu werden unter anderem gehören: die Aufwendungen nach Zeit und Geld während der Jahre des Lernens, besonders also der Lehrjahre, aber auch die Jahre, die zur Erhöhung der Geschicklichkeit, für das Sammeln von größeren Erfahrungen verwendet wurden. Das alles im weitesten Sinne ist Anlagekapital, ja selbst angeborene Geschicklichkeit, Talente könnten hierzu gerechnet werden. Dieses Anlagekapital kann nun verschieden verzinst werden, verschiedene Renten abwerfen. Liegt eine Durchschnittsleistung vor, wie sie von dem betreffenden Arbeiter zu erreichen war, so entspricht dies einer üblichen Verzinsung des Anlagekapitals. Sind dagegen höhere Leistungen als nach Vorbildung, Ausbildung usw. zu erwarten waren, vorhanden, so bedeutet dies eine höhere Verzinsung des Anlagekapitals. Bei üblicher Verzinsung wird die Leistungszahl um so höher sein müssen, je größer das Anlagekapital gewesen ist. Unter gleicher Voraussetzung werden diejenigen Arbeiterschichten das geringste Anlagekapital darstellen, die keine Lehrjahre kennen, bei denen auch irgend welche Erfahrungen oder besondere Geschicklichkeiten nicht verlangt werden. Es sind dies die gelegentlichen Hilfsarbeiter.

Abschreibung des Anlagekapitals. Außer der Verzinsung des Anlagekapitals ist eine Abschreibung notwendig. Die Höhe der Abschreibung wird bei Maschinen festgesetzt entsprechend ihrer Lebensdauer. Maschinen mit kurzer Lebensdauer erfordern hohe Abschreibungen. In ähnlicher Weise wird für Arbeiterschichten, bei denen die Tätigkeit solche Gefahren mit sich bringt, daß Leben und Gesundheit bedroht ist, also die durchschnittliche Lebensdauer verkürzt wird, eine hohe Abschreibung notwendig sein. Dementsprechend wird sich für solche Berufe die Leistungszahl erhöhen müssen. Die höchste Abschreibung erfordern daher Arbeiterschichten mit schneller Abnutzung der Lebensenergie.

Instandhaltungs-, Betriebskosten und Kraftverbrauch. Instandhaltungskosten und Kraftverbrauch lassen sich bei Maschinen wohl scharf trennen. Da zu den Instandhaltungskosten beim Menschen die Aufwendungen zur Aufrechterhaltung der Gesundheit gehören, für die eine ausreichende Ernährung eine Bedingung ist, die Ernährung aber gleichzeitig dazu dient, den Verbrauch der Kräfte zu ersetzen, so werden sich bei menschlichen Arbeiten diese Aufwendungen für Instandhaltung und Kräfteverbrauch nicht gut trennen lassen. Zu diesen Kosten werden gehören: sämtliche Aufwendungen für die Bedürfnisse des täglichen Lebens der betreffenden Arbeiterschicht wie Nahrung, Wohnung, Kleidung usw. Diese Aufwendungen können recht verschieden groß sein für verschiedene Arbeiterschichten, aber auch verschieden sein innerhalb derselben Arbeiterschicht. Sicher sind die Aufwendungen für Nahrung bei Arbeitern, die schwere körperliche Arbeiten zu verrichten haben, größer als bei denen, die körperlich weniger angestrengt werden. Die größte Erhöhung der Leistungszahl wird diejenige Arbeiterschicht haben, die die größten Aufwendungen für die Bedürfnisse des täglichen Lebens hat.

Nachdem nun so der Inhalt des Ausdruckes: Leistungszahl festgelegt worden ist, sei darauf hingewiesen, daß diese Leistungszahl zur Messung von Arbeitsbeträgen verwendet werden soll, denn es bestand der Zusammenhang: der Arbeitsbetrag ist proportional einem Produkt aus Zeit und Leistungszahl. Ein Arbeitsbetrag ist also um so wertvoller, wenn bei gleichen Zeiten die Leistungszahl höher ist, d. h. mit anderen Worten, die Stunde eines gelernten erfahrenen Arbeiters schafft höhere Arbeitsbeträge als die Stunde eines jugendlichen Arbeitsburschen, denn bei der erstgenannten Arbeiterschicht sind alle Teilbeträge, die die Leistungszahl bestimmen, wie Anlagekapital, Kosten für Instandhaltung und Kraftverbrauch erheblich größere.

B. Formen der Entlöhnung.

Angenommen, das Produkt aus Zeit und Leistungszahl ist der gerechte Maßstab zur Messung von Arbeitsbeträgen, so ist nun zu untersuchen, in welcher Weise die im Maschinenbau bestehenden Lohnformen diesen gerechten Maßstab verwenden. Es ist also der Zusammenhang zwischen den im Maschinenbau üblichen Lohnformen und dem gefundenen Maßstab festzustellen.

Folgende Lohnformen sind im Maschinenbau üblich: Der Zeitlohn (Stundenlohn, Tagelohn, Wochenlohn), der Stücklohn (Akkordlohn), die Prämienlöhnung und in einigen vereinzelten Fällen die Gewinnbeteiligung.

Bei Zeitlohn erhält der Arbeiter einen Geldbetrag für eine Zeiteinheit ohne Rücksicht darauf, welche Arbeitsbeträge er in der Zeit ausgeführt hat.

Bei Stücklohn erhält der Arbeiter einen Geldbetrag für eine bestimmte Arbeitsmenge, für einen bestimmten Arbeitsbetrag.

Bei der Gewinnbeteiligung erhält der Arbeiter außer seinem Zeit- oder Stücklohn einen bestimmten Anteil am Unternehmergewinn.

Bei der Prämienlöhnung erhält der Arbeiter einen Geldbetrag für die Schaffung eines Arbeitsbetrages, der abhängig ist von dem Verhältnis der aufgewendeten Zeit zur veranschlagten oder vorgesehenen Zeit.

Stellt man die verschiedenen Lohnformen in einer Zeichnung (Fig. 1.) zusammen, wobei bei der Wagerechten das Verhältnis der aufgewendeten Zeit zur veranschlagten Zeit und bei der Senkrechten der Geldbetrag für eine Zeiteinheit im beliebigem Maßstabe aufgetragen wird, so ergibt der Zeitlohn eine wagerechte Gerade, der Stücklohn eine Hyperbel die sich asymptotisch der Senk-

rechten nähert, die verschiedenen Prämienlöhnungen Äste, die
zwischen den beiden genannten Lohnformen liegen. Alle Prämien-
lohnsysteme liegen zwischen den beiden Grenzformen: Zeit- und
Stücklohn.[1]) Regeln, die für diese beiden Grenzformen aufgestellt

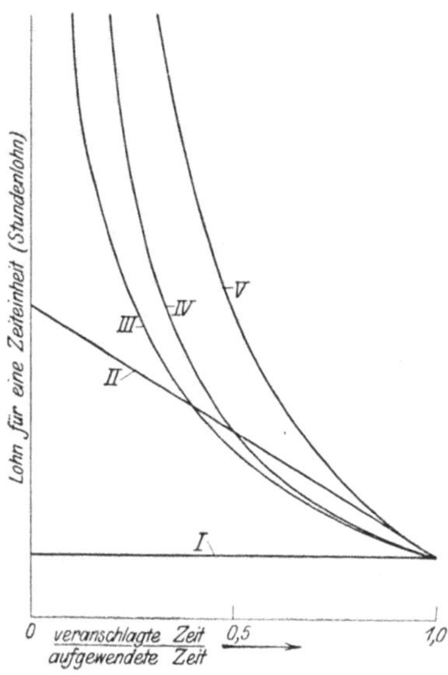

Fig. 1.

I. Zeitlohn. II. Prämiensystem Rowan.
III. Prämiensystem Williams & Robinson (50 %).
IV. Prämiensystem Rothert (konstanter Ansporn), System Ross.
V. Stücklohn.

werden, gelten auch mehr oder minder für Prämienlohnverfahren,
je nachdem diese sich mehr dem wagerechten Linienzuge und so-
mit dem Zeitlohn oder dem hyperbolischen Ast, also dem Stücklohn
nähern. Es genügt also, hier festzustellen, in welcher Weise der

---

[1]) Rothert, Beitrag zum Studium der Löhnungsmethoden. Werkstatttechnik 1909, S. 65.

Bernhard, Handbuch der Löhnungsmethoden.

David F. Schloß, Methods of Industrial Remuneration.

Schiller, das Prämiensystem der Lohnberechnung, Zeitschrift des
Vereins deutscher Ingenieure 1903, S. 1207.

Zeit- und der Stücklohn einer gerechten Bewertung von Arbeitsbeträgen entsprechen, um sofort auch für alle Prämienlohnverfahren
Rückschlüsse machen zu können.

C. Löhnungsverfahren des Maschinenbaues.

Beim Zeitlohn erhält der Arbeiter einen Geldbetrag für eine
Zeiteinheit. Da dieser Geldbetrag bei gerechter Entlöhnung direkt
proportional dem Arbeitsbetrag sein soll (unter Berücksichtigung
des lokalen Geldwertes), ist beim Zeitlohn der Lohn gleich dem
Arbeitsbetrage in der Zeiteinheit. Da nun Arbeitsbeträge gemessen
werden können durch Zeit und Leistungszahl, so ist der Lohn
schließlich direkt proportional der Leistungszahl, d. h. der Zeitlohn
ist ein Maß für die Leistungszahl oder die Leistungszahl ist ein
Maß für den Zeitlohn.

Mathematisch ergibt sich folgende Entwicklung:

$$\text{Stundenlohn} = \frac{\text{Geldbetrag}}{\text{Stundenzahl}}$$

$$\text{Geldbetrag} = \text{Arbeitsbetrag} = \text{Zeit} \times \text{Leistungszahl}$$

$$\text{Stundenlohn} = \frac{\text{Zeit} \times \text{Leistungszahl}}{\text{Stundenzahl}} = \text{Leistungszahl} \times \text{Konstante}$$

Zusammenfassung: Eine gerechte Entlöhnung im Zeitlohn
findet statt, wenn der Lohnsatz der Leistungszahl des betreffenden
Arbeiters entspricht.

Bei Stücklohn erhält der Arbeiter einen Geldbetrag für einen
bestimmten Arbeitsbetrag; da nun Arbeitsbeträge meßbar sind
durch das Produkt von Zeit und Leistungszahl, so muß auch der
Stücklohn eine Funktion von Zeit und Leistungszahl sein. Ist die
Leistungszahl bekannt, d. h. nach früherem, ist der Lohn für eine
Zeiteinheit bekannt, so ist nur noch die Zeitdauer, die für die Arbeit
erforderlich ist, einwandsfrei festzustellen, um eine gerechte Entlöhnung für Stück- und Akkordlohn zu haben.

Mathematisch dargestellt ergibt sich folgendes Bild:

$$\text{Stücklohn} = \text{Arbeitsgeldbetrag} = \text{Zeit} \times \text{Leistungszahl} \times \text{Konstante}$$

$$\text{Leistungszahl} = \text{Zeitlohn} \times \text{Konstante}$$

$$\text{Stücklohn} = \text{Zeitlohn} \times \text{Zeit} \times \text{Konstante}.$$

Letzterer Zusammenhang zwischen Stücklohn und Zeitlohn
bringt nichts Neues, denn es ist eine bekannte Tatsache, daß man

einen Akkord dadurch festsetzen kann, daß man die Zeitdauer der Arbeit mißt und mit dem Stundenlohnsatz multipliziert, um den Akkordpreis zu bekommen. Diese bekannte Tatsache bestätigt nur die oben gegebene Beweisführung.

Zusammenfassung: Eine gerechte Entlöhnung im Stücklohn findet statt, wenn die für ein Stück aufgewendete Zeit einwandsfrei festgelegt ist, und der Lohnsatz für die Zeiteinheit der Leistungszahl des Arbeiters entspricht.

D. Bedingungen für gerechte Entlöhnung.

a) Bei Zeitlohn.

Um eine gerechte Entlöhnung im Zeitlohn durchzuführen, wäre notwendig:

1. Die Messung der Dauer der Beschäftigung.
2. Die Festsetzung eines Lohnsatzes für eine Zeiteinheit entsprechend der Leistungszahl.

ad 1. Die Messung der Dauer der Beschäftigung ist ohne weiteres möglich; von den Formen für solche Messungen seien genannt: die Messung durch einen Kontrollbeamten (Portier), die Messung durch eine Kontrolluhr. Bei der Messung durch einen Beamten sind Irrtümer, auch absichtlich falsche Angaben möglich. Man ist jedenfalls abhängig vom Menschen mit all seinen menschlichen Eigenschaften und Fehlern. Bei der Messung durch Kontrolluhren die z. B. auf einer Karte die Zeit des Ein- und Ausgangs drucken, ist man abhängig von den Fehlern solcher Maschinen, die bei dem heutigen Stande dieses Zweiges der Technik recht unbeträchtlich sein dürften.

ad 2. Die Festlegung eines Lohnsatzes entsprechend der Leistungszahl macht dagegen theoretisch erhebliche Schwierigkeiten; einmal ist bei bekannter Leistungszahl festzulegen das Verhältnis des Lohnsatzes gegenüber dem Unternehmergewinn, dann sind die Leistungszahlen verschiedener Arbeiterschichten gegeneinander zu stufen. Weiter ist eine Stufung vorzunehmen innerhalb derselben Arbeiterschicht und schließlich ist auch noch die Leistungszahl eines Arbeiters nicht unveränderlich. Es seien nun Untersuchungen darüber angestellt, welche der früher genannten Faktoren auf die verschiedene Höhe der Leistungszahl innerhalb der eben

angegebenen Gliederung einen Einfluß haben, ohne etwa zahlenmäßig die Leistungszahl berechnen zu wollen, sondern um Anhaltspunkte zu haben, die maßgebend sein können für die verschiedene
Höhe von Lohnsätzen.

Verhältnis von Leistungszahl zum Unternehmer-
gewinn. Rein theoretisch dieses Verhältnis festlegen zu wollen,
würde die Berücksichtigung recht verwickelter Fragen bedingen,
z. B. die zahlenmäßige Bewertung der Übernahme eines Risikos.

Läge aber eine theoretisch richtige Stufung der Leistungszahl
von verschiedenen Arbeiterschichten gegeneinander vor, so wäre
es nur notwendig, für eine Arbeiterschicht das Verhältnis zum
Unternehmergewinn festzulegen, um dadurch für alle Arbeiterschichten dieses Verhältnis zu erhalten. Es liegt nahe, für diese
einmalige Festlegung diejenige Arbeiterschicht zu wählen, bei
der es ebenso Übergänge vom Arbeitnehmer zur Arbeitgeberschaft
gibt, oder umgekehrt Übergänge vom Unternehmer zum Arbeitnehmer vorhanden sind. Solche Berührungspunkte beider Schichten
sind in verschiedenen Gewerben vorhanden. So gibt es Gewerbe,
bei denen es noch ohne besondere Aufwendungen möglich ist,
vom Arbeitnehmer zum Unternehmer aufzurücken. Ebenso findet
man, daß Arbeitgeberschichten ihre Selbständigkeit aufgeben und
lieber Arbeitnehmer werden; dann ist das ein Zeichen dafür, daß
hier die Unternehmergewinne ungünstig waren. Wenn trotzdem
ein Großbetrieb bei Lohnzahlungen in üblicher Höhe große Gewinne
schafft, so beweist das nur, daß der betreffende Betrieb eine wirtschaftlich gute Form des Unternehmens darstellt, ohne daß der
Arbeitnehmer daraus eine Berechtigung herleiten könnte, für sich
nun höhere Lohnbeträge zu fordern, solange er nicht mitgewirkt
hat an der Schaffung dieser wirtschaftlich vollkommeneren Form
des Betriebes. Damit sich bei falscher Bewertung des Verhältnisses
von Arbeitgebergewinn und Arbeiterlohn dieses Zufließen zum
Arbeitgebertum oder Zurückfluten zum Arbeitnehmertum dieser
Ausgleich richtig vollziehen kann, ist freier Wettbewerb nötig,
welche Forderung bei weitem nicht immer erfüllt ist. Ferner ist
zu bedenken, daß für das ausgleichende Spiel von Angebot und
Nachfrage immer eine genügende Spanne Zeit vorhanden sein
muß.

Stufung der Lohnhöhe der verschiedenen Arbeiterschichten. Da für die verschiedenen Schichten auch die die Leistungszahl bestimmenden Größen, wie Anlagekapital, Abschreibung, Instandhaltungs- und Betriebskosten verschieden sind, so müssen auch die Lohnhöhen verschiedner Arbeiterschichten verschieden sein, entsprechend der Veränderung der angegebenen Faktoren. Eine Arbeiterschicht, deren Anlagekapital groß ist, die also eine lange Lehrzeit hat, bei der erst nach und nach durch langjährige Übung eine größere Geschicklichkeit, ein vollwertiges Können erreicht wird, bei der außerdem die Berufsgefahr groß ist, bei der weiter große Kosten für Instandhaltung, Kraftverbrauch notwendig sind, wie z. B. bei schweren körperlichen Arbeiten es der Fall sein dürfte, bei solcher Arbeiterschicht wird die Leistungszahl die größte Höhe haben müssen. Dagegen wird diejenige Arbeiterschicht, die ohne jede Vorbildung zu leichteren Arbeiten herangezogen wird, wie die gelegentlichen Hilfsarbeiter, nur geringe Lohnsätze zu beanspruchen haben.

Würde nun die Lohnhöhe einzelner Arbeiterschichten falsch gegeneinander gestuft, so würden immer die Arbeiter verwandter Schichten zu den Schichten, bei denen die Löhne höher sind, als die Leistungszahl erwarten ließ, zuströmen, wie schon auf Seite 5 an dem Beispiel der Kraftwagenführer gezeigt wurde.

Stufung innerhalb einer Arbeiterschicht. Innerhalb einer Arbeiterschicht ist die Berufsgefahr dieselbe, also wird die Abschreibung unverändert sein. Dagegen kann das Anlagekapital verschieden sein. Der erfahrene ältere, in der Branche schon lange tätige Arbeiter repräsentiert ein höheres Anlagekapital als der eben aus der Lehre gekommene junge Geselle. Das Anlagekapital wird bei einem Mann in den besten Jahren am höchsten sein. Die Ausnutzung des Anlagekapitals, die Verzinsung oder die Rente, die das Anlagekapital abwirft, kann aber geringer sein und wird geringer bei einem alten erfahrenen Arbeiter in dem Maße, wie seine Körperkräfte abnehmen, die Geschicklichkeit geringer wird, die Erfahrungen veralten.

Weiter erhält innerhalb einer Arbeiterschicht der Mann im Gegensatz zur Frau selbst bei gleichen Leistungen höhere Löhne, solange er als Ernährer einer ganzen Familie gilt, zu seinen Instandhaltungskosten also die Unterhaltung einer Familie zu rechnen ist.

Nur so lange tatsächlich der Mann allein Ernährer der Familie ist, könnte man die Tatsache verteidigen, daß der Mann bei gleichen Leistungen höhere Löhnungen erhält als die Frau. In dem Augenblick aber, wo auch die Frau als Ernährer der Familie anzusehen ist, muß sie bei gleichen Leistungen dieselben Löhne erhalten wie der Mann.

Veränderung der Leistungszahl eines Arbeiters. Streng genommen ist die Leistungszahl eines Arbeiters für jede Arbeit verschieden; er ist für eine Arbeit mehr geeignet als für eine andere. Im Zeitlohn wird diese Verschiedenheit meistens nicht berücksichtigt, sondern der Arbeiter erhält einen gleichbleibenden Zeitlohn, wobei wohl bei den innerhalb einer Arbeiterschicht vorkommenden ähnlichen Arbeiten anzunehmen ist, daß große Schwankungen der Leistungszahl nicht auftreten, und sich durch eine mittlere Leistungszahl ausgleichen lassen. Wird aber der Arbeiter mit einer besonderen Arbeit betraut, die vielleicht eine erhöhte Berufsgefahr mit sich bringt, so wachsen die Aufwendungen für die Abschreibung; die Leistungszahl erhöht sich, der Zeitlohn muß erhöht werden.

Besonders ist zu beachten, daß die Leistungszahl abhängig ist von der Länge der Arbeitszeit. Der menschliche Körper ist nur imstande, eine gewisse Zeitlang Arbeiten ohne Pause zu leisten; je länger bei gleichen Leistungen die Arbeitszeit ist, desto größer muß die Leistungszahl werden, denn eine Arbeit über eine bestimmte Anzahl Stunden hinaus ruft eine im Verhältnis erheblichere Abnutzung hervor. Werden also längere Arbeitszeiten als üblich bei gleich bleibenden Leistungen verlangt, also auf Kosten einer größeren Abnutzung verlangt, so muß die Leistungszahl erhöht werden.

Wird dagegen ein gleicher Arbeitsbetrag nicht in einer Arbeitszeit verlangt, die bisher als normal galt, sondern in einer kürzeren Zeit, so muß die Leistungszahl wachsen, denn da der Arbeitsbetrag gleich Zeit $\times$ Leistungszahl ist, der Arbeitsbetrag derselbe bleiben soll, die Zeit aber verringert wird, so muß die Leistungszahl sich erhöhen, sonst behält die nachstehende Gleichung nicht Gültigkeit:

$$\text{Arbeitsbetrag} = \text{Zeit} \times \text{Leistungszahl.}$$

Die Leistungszahl ist sogar noch abhängig von der augenblicklichen „Disposition" des Arbeiters für eine Arbeit. Selbst für dieselbe Arbeit kann derselbe Arbeiter eine verschiedene Leistungszahl haben, da er je nach seinem körperlichen und geistigen Zustand mehr oder weniger gut „disponiert" ist, also gewissermaßen mehr oder minder geneigt ist, sein Anlagekapital auszunutzen. Dazu kommt, daß noch andere Faktoren ständige Schwankungen in den Arbeitsleistungen eines Menschen verursachen, z. B. wird durch die Ermüdung die Arbeitsmenge verringert, durch Übung und Gewöhnung vermehrt[1]). Es wird daher notwendig sein, eine durchschnittliche Leistungszahl zu wählen, denn es ist weder praktisch durchführbar, für jede Arbeit mit einer anderen Leistungszahl zu rechnen, noch die Leistungszahl je nach dem augenblicklichen körperlichen und geistigen Zustand des Arbeiters zu verändern.

Zusammenfassung: Für die Ausführung einer gerechten Entlöhnung im Zeitlohn war die Feststellung der Arbeitsdauer notwendig, welche Möglichkeit ohne weiteres zugegeben werden muß. Die zahlenmäßige Festlegung der Lohnhöhe entsprechend der durchschnittlichen Leistungszahl macht theoretisch erhebliche Schwierigkeiten, besonders gilt dies für die Festsetzung des Verhältnisses von Arbeiterlohn zum Unternehmergewinn. Dagegen geben die theoretischen Erwägungen über die Leistungszahl, um die Löhne der Arbeiterschichten gegeneinander, innerhalb derselben Arbeiterschicht, für einen einzelnen Arbeiter zu stufen, viel Anhaltspunkte, die eine Abstufung der Lohnhöhe nach großen Gesichtspunkten erlauben.

b) Bei Stücklohn.

Um gerechte Stücklohnsätze zu erhalten, war notwendig, daß die Einheitslohnsätze und die Zeit, die zur Ausführung des Arbeitsbetrages notwendig erscheint, bekannt sind. Die erste Bedingung ist durch die Besprechung des Zeitlohnes erschöpfend behandelt. Für den Stücklohn hat sich also die Untersuchung zu beschränken auf die Frage, ob die Arbeitszeit gerecht

---

[1]) Siehe Kraepelin, Die Arbeitskurve, Leipzig 1902.

Dr. Marie Bernays, Auslese und Anpassung der Arbeiterschaft.

festgestellt werden kann. Hier ist nun zuerst der Begriff: Arbeitszeit festzulegen. Es wird immer möglich sein, eine schon langsam ausgeführte Arbeit noch langsamer auszuführen, d. h. die Arbeitszeit zu erhöhen; also eine obere Grenze für die Arbeitszeit gibt es nicht. Eine untere Grenze, eine Minimalarbeitszeit ist dagegen denkbar. Es wird sich also bei Streitigkeiten über die Arbeitszeit nur darum handeln können, die kürzeste Arbeitszeit festzulegen. Die normale Arbeitszeit wird sich dann ergeben als kürzeste Arbeitszeit + einem Zuschlag, der wohl am besten in Prozenten dieser kürzesten Arbeitszeit anzunehmen sein wird. Darf dieser Zuschlag nun für alle Menschen gleiche Höhe erhalten, und von welcher Höhe müßte dieser Zuschlag für verschiedene Arbeiten sein?

Der Zuschlag dürfte dann für alle Menschen gleich hoch gewählt werden, falls Menschen von gleicher Vorbildung und Ausbildung für gleiche Arbeiten gleiche Zeiten gebrauchen. Wie früher ist hier scharf zu unterscheiden, zwischen körperlicher Arbeit und Arbeit mit Benutzung des Verstandes. Bei rein körperlichen Arbeiten, bei denen lediglich ein Aneinanderreihen einzelner körperlicher Bewegungen geleistet wird, ist sicher von allen Menschen derselben Leistungszahl die Erreichung gleicher Zeiten möglich. Es werden sich aber selten Menschen von gleicher Leistungszahl finden lassen, da selbst Menschen, die genau den gleichen Ausbildungsgang durchgemacht haben, ungleiche Leistungszahlen zeigen können, weil die angeborene Handgeschicklichkeit des einen sofort dazu führen kann, daß er denselben Arbeitsbetrag in kürzerer Zeit liefert als ein anderer, der den gleichen Ausbildungsgang hatte. Da, wie früher schon erwähnt, für jede Art Arbeit jeder Mensch gewissermaßen eine andere Leistungszahl zeigen wird, wird man sich für die Zwecke der Entlöhnung einigen müssen auf eine mittlere Leistungszahl der Arbeiterschicht, gestuft nach Dauer der Beschäftigung, Menge der Erfahrung und dergleichen. Entsprechend dieser mittleren Leistungszahl ergibt sich dann eine mittlere Arbeitszeit für einen bestimmten Arbeitsbetrag. Bei rein mechanischen Arbeiten wird die Einführung einer solchen Normalarbeitszeit ohne Schwierigkeit möglich sein.

Bei Arbeiten, bei denen neben der körperlichen Arbeit auch eine Erfindungsarbeit zu leisten ist, wird eine solche normale

Arbeitszeit sich nicht ohne weiteres erreichen lassen. Bei reiner Erfindungsarbeit ist sicher auch bei Menschen gleicher Vorbildung und gleicher Ausbildung ein großer Unterschied in der Schnelligkeit des Aneinanderreihens von neuen Gedankenfolgen festzustellen. Dagegen kann man wohl sagen, daß für solche geistige Tätigkeit, bei welcher gewohnheits- und erfahrungsgemäß immer wieder dieselbe Aufeinanderfolge von Beobachtung und Schlüssen vorkommt, auch hier sich gleiche Zeiten werden festlegen lassen. Es können daher alle Arbeiten, die man sich ausgeführt denken kann, von einer wenn auch vielleicht recht verwickelten Maschine, einem Automaten oder dergleichen, der Zeit nach bestimmt werden. So könnten selbst Rechenarbeiten, für deren Lösung auch eine Rechenmaschine benutzt werden kann, im Stücklohn vergeben werden, ohne ungerecht bei der Entlöhnung zu sein.

Zusammenfassung: Im allgemeinen wird der Zuschlag, der zur kürzesten Arbeitszeit addiert, die normale Arbeitszeit ergibt, von gleicher Höhe sein dürfen; ausgeschlossen davon sind reine Erfindungsarbeiten, die nicht etwa gewohnheitsgemäß auf Grund früherer Erfahrungen sich ergeben, sondern neue Verstandesarbeit verlangen.

Es ist klar, daß die Erreichung einer menschlichen Höchstleistung, eine sogenannte Rekordleistung, immer nur vorübergehend möglich ist, wobei man mit einer frühzeitigen Abnutzung des Menschen zu rechnen hat. Werden in der Praxis Höchstleistungen dauernd verlangt, so sind entsprechend höhere Lohnsätze zu zahlen, die gewissermaßen die durch die stärkere Abnutzung sich ergebende höhere Abschreibung berücksichtigen. Bei einer normalen Arbeitsleistung ist anzunehmen, daß sie jahrelang hindurch ohne Schädigung des Arbeiters ausgeführt werden kann. Der Physiker Coulomb hat Höchstarbeitsleistungen durch mkg gemessen, hat die durch die Verbrennung der Nahrungsaufnahme frei werdende Energie berechnet und auf Grund dieser Untersuchung festgestellt, daß für normale Leistungen $4/9$ der Maximalleistungen anzusetzen sind.

Diese Feststellung stimmt recht gut mit anderen Versuchen überein. Taylor und die Verwender seines Systems zur Bestimmung von Arbeitszeiten pflegen auch Zuschläge auf die kürzeste Arbeitszeit zu machen, um eine Normalarbeitszeit zu erhalten.

Für Handhabungs- und Einrichtezeiten sind hier Zuschläge von 70—90 % üblich.[1]) Der Unterschied zwischen den Taylorschen Messungen und den Berechnungen von Coulomb läßt sich damit erklären, daß es sich bei Taylor nicht um eigentliche Rekordarbeiten handelt, sondern lediglich um Messungen, die an einem fleißigen, intelligenten Arbeiter gemacht wurden, ohne daß dabei eine Art körperlicher Höchstleistung, die das äußerst Erreichbare darstellt, geschaffen werden sollte.

Für Arbeiten an Werkzeugmaschinen kann für die Zeit der Spanabnahme, wenn der Antrieb für Vorschub und Arbeitsgeschwindigkeit zwangläufig durch die Maschine erfolgt, ein bedeutend geringerer Zuschlag genommen werden, denn es erfordert die Maschine bei Höchstleistung nur einen geringen Mehraufwand von Seiten des Arbeiters.

Zusammenfassung: Soll eine normale Arbeitszeit aus der kürzesten Arbeitszeit + einem Zuschlag in Prozenten bestimmt werden, so wird dieser Zuschlag für alle Menschen der gleichen Leistungszahl, solange es sich nicht um reine Denkarbeiten handelt, gleich hoch sein können; doch ist der Zuschlag für verschiedene Arbeiten verschieden hoch. Er beträgt für körperliche Arbeiten etwa 70—90 %, kann dagegen an Arbeiten auf Werkzeugmaschinen für die sogenannte Maschinenzeit bedeutend niedriger sein.

Die Feststellung einer normalen Arbeitszeit kann auch in der Weise geschehen, daß die Arbeitszeit für eine große Reihe derselben Stücke beobachtet wird, und dann aus diesen Beobachtungen der Mittelwert als Grundlage für eine normale Arbeitszeit dient. Hier muß vor allen Dingen die Messung der Zeit, nicht die bloße Beobachtung verlangt werden, da Zeitschätzungen außerordentlich unsicher sind. Außerdem kann das Verfahren nur dann wirklich normale Zeiten geben, wenn die Feststellung der Zeit gemacht wird, während der Arbeiter normal arbeitet, d. h. wenn er mit einer Schnelligkeit arbeitet, wie sie seinem Können entsprechen würde. Das bei vielen Firmen übliche Verfahren, neue Akkordsätze da-

---

[1]) Wallichs, Moderne amerikanische Fabrikorganisation, Technik und Wirtschaft, 1. Heft 1912.

durch aufzustellen, daß man erst ein oder zwei Stücke vom Arbeiter im Zeitlohn ausführen läßt, dann diese Zeit um einen gewissen Prozentsatz verringert, weil der Arbeiter im Bewußtsein, daß diese Arbeitszeit als normale Arbeitszeit für später dienen soll, langsamer gearbeitet hat, als es seiner normalen Leistungsfähigkeit entsprechen würde; dieses Verfahren ist auf jeden Fall zu verwerfen, denn in dem Maße, wie die Fabrikleitung Abzüge von der beobachteten Arbeitszeit macht, in demselben Maße verlängert der Arbeiter die Arbeitszeit, sodaß er immer noch sicher ist, eine Zeit nach erfolgtem Abzug zu erhalten, die ihm später ein bequemes Arbeiten gestattet.

Bei selbsttätig arbeitenden Maschinen, Automaten usw. führt dieses Verfahren eher zum Ziel, dagegen ist bei allen anderen Arbeiten, bei denen die Beobachtung nicht an der objektiven Maschine, sondern an dem Subjekt Mensch vorgenommen wird, eine solche Ermittelung einer normalen Arbeitszeit recht unsicher. Hier wird sich immer empfehlen, kürzeste Arbeitszeiten festzulegen dadurch, daß man die Arbeiten ausführen läßt von einem erfahrenen Arbeiter oder Beamten, der in besonderer Weise daran interessiert wird, die Arbeiten so schnell wie möglich auszuführen, also die kürzeste Arbeitszeit zu erreichen.

Alle diese Feststellungen von Arbeitszeiten, sowohl die Feststellung der kürzesten wie der normalen Gesamtarbeitszeit, erfordern, daß eine größere Anzahl von Ausführungen für dasselbe Stück vorhanden ist, daß also Massenfabrikation vorliegt, dann können allerdings an einigen Stücken solche Proben gemacht werden, und auf Grund dieser Feststellungen die Zeit für die noch auszuführenden Stücke einwandsfrei bestimmt werden.

Zusammenfassung: Die direkte Feststellung der normalen Arbeitszeit als Mittelwert einer Reihe von Messungen ist ausführbar, doch ist das Verfahren in der Praxis nur beschränkt verwendbar.

Liegt nicht Massenfabrikation vor, oder scheint der Einzelversuch aus anderem Grunde nicht angängig, so müssen besondere Verfahren zur Anwendung kommen, um die Arbeitszeiten vor Beginn der Arbeit zu bestimmen. Die Anwendung solcher Verfahren ist aber nur unter bestimmten Bedingungen möglich.

Die Zeitbestimmung während der Ausführung war möglich, ohne daß man vorher die genaue Größe des Arbeitsbetrages kannte. Dagegen verlangen alle Verfahren zur Bestimmung der Arbeitszeiten vor Beginn der Arbeit, daß der zu messende Arbeitsbetrag genau nach allen Richtungen hin bekannt ist. Dazu gehört vor allen Dingen, daß der Anfangszustand, sämtliche Zwischenzustände und Übergangszustände und der Endzustand der Arbeit vollkommen festliegt.

Häufig liegt schon der Anfangszustand nicht fest. Zum Anfangszustand gehört Härte und Oberflächenbeschaffenheit des Materials, bei Bearbeitung auf spanabhebenden Werkzeugmaschinen die Größe der Zugabe für Teile, die durch Schmieden oder durch Guß ihre rohe Form erhalten. Daß hierbei große Abweichungen vorkommen, ist bekannt.

Der Endzustand ist im allgemeinen gegeben durch Angaben der Zeichnung. Die Zeichnung gibt Maße an. Mathematisch genaue Größen sind natürlich nicht zu erhalten. Notwendig wäre immer die Angabe über die gewünschte Annäherung an die mathematische Genauigkeit, wie dieselbe einwandsfrei durch das Grenzlehrsystem gegeben wird. Hier sei daran erinnert, daß eine große Anzahl von Streitigkeiten sich aus den verschiedenen Ansichten über den verlangten Endzustand ergibt. Es muß das Bestreben sein, den Endzustand immer durch Grenzen, zwischen denen der Endzustand sich bewegen darf, festzulegen.

Auch die Zwischenzustände sind häufig recht unsicher. Ist der Gang der Arbeit, die Aufeinanderfolge einzelner Teiloperationen nicht genau vorgeschrieben, so können sich verschiedene Zwischenzstände ergeben, auch durch nicht homogenes Material können unsichere Zwischenzustände entstehen. Bei Stahlguß z. B. finden sich häufig mitten in einem Gußstück harte Stellen, die kaum mit schneidenden Werkzeugen zu bearbeiten sind, die Arbeiten jedenfalls sehr aufhalten. Solche Zwischenzustände sind nicht vorauszusehen. Am ungewissesten sind die Zwischenzustände bei Montagearbeiten, besonders, wenn die Einzelteile mit nicht genau begrenztem Endzustand zur Ablieferung kommen. Für solche Arbeiten ist daher die Vorausbestimmung von Arbeitszeiten kaum möglich.

Wenn nun die Arbeiten die Bedingung erfüllen, daß der Umfang der Arbeit, der Arbeitsbetrag, genau festliegt, so wird sich nur dann die Arbeitszeit vorher feststellen lassen, wenn die Zeit zur Erreichung des Arbeitsbetrages bei allen verschiedenen Personen der betreffenden Arbeiterschicht gleich gesetzt werden kann. Dies kann nach früherem ohne weiteres geschehen bei rein körperlichen Arbeiten. Auch bei solchen Arbeiten, bei denen körperliche Bewegungen durch gewohnheitsmäßige Schlüsse aneinandergereiht werden, nicht aber bei reinen Erfindungsarbeiten.

Zusammenfassung: Verfahren zur Vorausbestimmung von Arbeitszeiten bei Gegenständen, die zum ersten Male zur Ausführung gelangen, sind nur möglich bei Arbeitsbeträgen, deren Größe genau festliegt und bei denen nicht reine Überlegungsarbeiten (Erfindungstätigkeit) vorliegen.

Es ist nun zu prüfen, wie weit können die bestehenden Verfahren zur Bestimmung von Arbeitszeiten Anspruch darauf machen, daß durch sie Arbeitszeiten gerecht festgelegt werden, sodaß ein solches Verfahren als Grundlage eines Tarifvertrages dienen könnte. Alle Verfahren, die überhaupt denkbar sind, liegen zwischen zwei Grenzen. Die eine Grenze stellt das Abschätzungsverfahren dar. Bei diesem wird aus dem Gedächtnis heraus nachträglich durch oft unbewußten Vergleich vieler ähnlich erscheinender Arbeiten die für eine neue vorliegende Arbeit notwendige Zeit geschätzt. Die andere Grenze bildet das Verfahren der Berechnung durch Zergliederung, auch vielfach unter dem Namen „Elementenberechnung" bekannt. Hier wird die Zeit für eine vorliegende Arbeit, die sich immer zusammensetzt aus einer Reihe von Teiloperationen, dadurch berechnet, daß man die Zeiten für die Teilglieder addiert, wobei diese einzelnen Zeiten nicht durch Abschätzung, sondern auf Grund von Aufzeichnungen während genauer Versuche gefunden worden sind.

Zwischen diesen beiden Verfahren der Abschätzung und der Berechnung durch Zergliederung gibt es nun eine große Reihe anderer Verfahren, die eine Kombination der genannten beiden darstellen; sie werden dann zu beurteilen sein, wenn die beiden Grenzverfahren auf ihre Eignung zur gerechten Feststellung von Arbeitszeiten untersucht worden sind.

Daß das Abschätzungsverfahren eine recht unsichere Methode darstellt, ist ohne weiteres klar. Das Gedächtnis, der oft unbewußte Vergleich, der Begriff ähnlicher Arbeiten, jeder dieser Teile bringt schon für sich große Unsicherheiten hinein. Wie wenig der Mensch sich auf sein Gedächtnis verlassen kann, besonders, wenn es sich darum handelt, Zeiten aus dem Gedächtnis wiederzugeben, ist so oft wissenschaftlich behandelt und auch so allgemein bekannt, daß ein Nachweis der dadurch in das Verfahren herein getragenen Unsicherheiten unnötig erscheinen dürfte.

Solange das Verfahren der Abschätzung nur an das Subjekt gebunden ist, solange also der Meister in der Werkstatt die Stückpreise ohne Zuhülfenahme von schriftlichen Aufzeichnungen und Unterlagen festsetzt, solange ist dies Verfahren recht unsicher, denn auch der vom besten Willen beseelte Mensch ist abhängig von allen möglichen Einflüssen wie Stimmungen, Gefühlserregungen usw.

Das Verfahren versagt auch sofort, wenn nicht mehr ähnliche Arbeiten vorliegen, oder es täuscht, wenn etwas für ähnlich gehalten wird, was ausführungstechnisch nicht ähnlich ist.

Hierbei sei darauf hingewiesen, daß bei Einführung des Schnellstahles in die mechanischen Werkstätten des Maschinenbaues in vielen Fabriken bei weitem nicht die hohe Leistungsfähigkeit, besonders nicht die hohe zulässige Schnittgeschwindigkeit, die oft doppelt so groß ist wie die des gewöhnlichen Kohlenstoffstahles, in den Akkordpreisen zum Ausdruck kam, lediglich, weil man dem Stahl nicht diese Leistungsfähigkeit zutraute, seine Leistungsfähigkeit vielmehr mit scheinbar „ähnlichen“ Stahlsorten verglich und so die Vorteile des Schnellstahles bei der Einführung bei weitem nicht ausnutzte.

Da die reine Abschätzung, unter denselben Verhältnissen von denselben Personen zu verschiedenen Zeiten vorgenommen, oft verschiedene Werte ergab, ging man bald von der rohen Abschätzung aus dem Gedächtnis heraus dazu über, die einmal geschätzten Zeiten aufzuschreiben und diese Aufzeichnungen als Unterlagen für spätere Schätzungen zu benutzen, damit der Arbeiter auch für denselben Arbeitsbetrag immer denselben Geldbetrag erhielt, was vorher durch die Abschätzung nur aus dem Gedächtnis heraus nicht zu erreichen war.

Zusammenfassung: Das Verfahren der Abschätzung ohne Benutzung von Unterlagen kann, weil es ganz an die Person gebunden ist, in keiner Weise Anspruch darauf machen, gerechte Ergebnisse zu liefern.

Beim Verfahren der Berechnung durch Zergliederung wird jeder Arbeitsbetrag in eine große Anzahl kleiner Einzelarbeitsbeträge zerlegt. Die Zeit für solche Einzelarbeitsbeträge wird durch Messung festgestellt. Durch wenige Einzelbeträge ist eine außerordentlich große Anzahl von Beträgen, die sich aus den einzelnen Beträgen zusammensetzen lassen, denkbar. Wäre jede Art Kombination der einzelnen Beträge praktisch möglich, so würden aus fünf Einzelbeträgen sich allein 3905 größere Beträge zusammensetzen lassen. Man wird also aus einer verhältnismäßig geringen Anzahl von Zeitmessungen für Einzelbeträge auskommen, um daraus durch Kombination eine große Anzahl größerer Arbeitsbeträge zusammensetzen zu können. Es werden also bei Kenntnis der Zeiten von wenigen Teilbeträgen die Zeiten einer großen Menge daraus zusammensetzbarer Arbeitsbeträge bestimmbar sein.

Ein Beispiel mache die Sache deutlicher[1]): Mit Hilfe von Schiebkarren werden Fuhren Schüttgut weggefahren, am andern Ort durch Umstürzen der Karren abgeladen. Es sind hier eine große Menge von Kombinationen denkbar durch Variation des zurückzulegenden Weges und der Art des Schüttgutes. Die Zergliederung der Arbeit wurde nun in folgender Weise vorgenommen: Füllung der Schiebkarren mit 100 kg Schüttgut, Vorbereitung des Abfahrens, Fortkarren von 100 kg für 100 m Weg, Stürzen und Wiederaufrichten der Karre, Zurückfahren der leeren Karre zu neuer Füllung. Sind die Zeiten für diese Einzelteile einmal mit Sicherheit festgestellt, so ist es klar, daß dann eine außerordentlich große Menge verschiedener Arbeitsbeträge durch Kombination denkbar ist, also die Zeiten dieser größeren Arbeitsbeträge durch Einsetzen der Zeiten der Teilbeträge einwandsfrei erhalten werden können.

Wichtig ist, festzustellen, wie weit diese Zergliederung, diese Zerlegung der Arbeiten gehen soll. Es ist klar, daß obige Arbeit

---

[1]) Siehe Talyor-Wallichs, Die Betriebsleitung, S. 71.

noch weiter zerlegt werden kann, z. B. so: Anfassen der Schaufel, Füllen der Schaufel mit Schüttgut, Anheben der Schaufel, Bewegen der Schaufel zur Karre, Ausleeren der Schaufel usw. Solche weitgehende Zergliederung würde die praktische Verwendbarkeit des Verfahrens recht beeinträchtigen. Als Grundsatz wird gelten können, daß die Zerlegung soweit vorzunehmen ist, daß rein mechanische, gleichartige Verrichtungen, die ohne Überlegung hintereinander ausgeführt werden, nicht mehr weiter zu zergliedern sind. Die die verschiedenen mechanischen Arbeiten verbindenden kurzen Überlegungspausen sind die natürlichen Einschnitte für die Zergliederung, werden auch meistens bei der Arbeit zur Einlegung von Pausen benutzt, so daß man sagen kann, daß dort, wo der Arbeiter zwischen den einzelnen Teilen seiner Arbeit geneigt ist, eine Pause zu machen, der natürliche Einschnitt für die Zergliederung ist. Diese Art der Zergliederung befolgt auch gleichzeitig den Grundsatz, daß nur solche Sachen mit gleichem Maße zu messen sind, denen dasselbe Einheitsmaß zukommt. Gleichartige Arbeiten werden durch die Zeit gemessen, beim Übergang von einer zur anderen mechanischen Tätigkeit ist ein anderer Maßstab zu wählen, also muß hier eine neue Zeitmessung einsetzen. An einem Beispiel aus der Werkstatt sei die Sache nochmals erläutert:

Man denke sich die Arbeit des Nietens von Hand: Nach Aufnehmen des warmen Nietes wird der Niet in das Loch eingesteckt, von der andern Seite mit der Zange gefaßt und der Gegenhalter angesetzt. Hierauf erfolgt das Niederschlagen des Nietes, Bildung des Nietkopfes durch den Schellhammer. Wie weit soll hier die Zergliederung gehen? Zerlegt man die Arbeit noch weiter, so würde der Anfang etwa so aussehen: der Arbeiter, der den Niet aufnehmen will, bewegt die Zange zu dem Niet, öffnet die Zange, umschließt den Niet mit der Zange, nimmt den Niet auf, führt die Zange zum Loch, wobei noch die Möglichkeit vorliegt, daß er die Zange dazu von einer Hand in die andere nehmen muß. Es wäre falsch, diese Arbeit so weit unterteilen zu wollen. Das Aufnehmen des Nietes bis zum Augenblick des Einsteckens ist ein rein mechanischer Vorgang, der sicher gemacht wird, ohne daß der Arbeiter selbst sich die oben angegebene Zerlegung der Arbeit im Kopfe zurechtlegt. Daher ist das Aufnehmen des Nietes bis zum Augenblick des Einsteckens eine Teiloperation. Da das Einstecken des Nietes verschieden schwierig sein kann, ist hier eventuell eine Trennung zwischen Aufnehmen und Einstecken angebracht. Dann erfolgt das Ansetzen des Gegenhalters. Auch hier wäre es falsch, die Einzelbewegungen, die dazu nötig sind, noch von einander trennen zu wollen. Beim Niederschlagen des Nietes wird die Anzahl der Schläge je nach Stärke verschieden sein. Hier wird also für verschiedene Nietstärken, verschiedene Kopfgrößen, die Zeit für die Anzahl einer Reihe von Schlägen als Einheitsmaß dienen können. Auch für die Bildung des Nietkopfes mit dem Schellhammer kann die Zeit für eine Reihe von Schlägen als Maßeinheit genommen werden.

Die Zeiten für die Einzelbeträge sollen auf Grund von Versuchen ermittelt werden. Es werden Beobachtungen angestellt, bei denen mit der Uhr in der Hand jede einzelne Teiloperation mehrfach gemessen wird, die Zeiten gebucht werden. Das Mittel aus diesen aufgezeichneten Beobachtungen bildet später die Grundlage für die Berechnung. Durch Messung verhältnismäßig weniger Teiloperationen ist durch Kombination eine große Menge Arbeitsbeträge zu erhalten. Es muß aber dafür gesorgt werden, daß die Teiloperationen in derselben Weise wieder aneinander gereiht werden, wie bei der Berechnung der Zeit angenommen wurde, da sonst nicht vorgesehene Zwischenzustände entstehen können. Bei dem Taylorschen Verfahren zur Bestimmung von Arbeitszeiten werden aus diesem Grunde Arbeiterunterweisungskarten eingeführt, welche alle Teile der Operationen der Reihe nach und der Zeit nach aufführen. Auf diese Weise ist es auch leicht möglich, festzustellen, bei welcher Teiloperation eine Abweichung der veranschlagten von der aufgewendeten Zeit eintrat, sodaß man diesen so aufgefundenen Fehlern gleich nachgehen kann. Bei der Abschätzung ist die Auffindung von Fehlern nicht möglich.

Ganz besondere Bedeutung hat dieses Verfahren der Zergliederung für alle Arbeiten, die auf Maschinen vorgenommen werden, bei der sogenannten mechanischen Bearbeitung von Maschinenteilen.

Eine Dreharbeit geht im wesentlichen so vor sich: Nach Bekanntgabe der Arbeit versorgt sich der Arbeiter mit der Zeichnung, dem Werkstück und den nötigen Werkzeugen. Es folgt Einrichtung der Werkbank und der Werkzeuge, Aufspannen und Ausrichten des Werkstückes. Dann folgt die Spanabnahme, die eventuell unterbrochen wird durch das Auswechseln des Stahles, Umspannen des Stückes usw. Diese Zeit für die Spanentnahme, die maschinell erfolgt, ist abhängig von den gewählten Vorschüben und Arbeitsgeschwindigkeiten. Kann man einer Bank z. B. 16 verschiedene Arbeitsgeschwindigkeiten geben, und acht verschiedene Vorschübe, so ist hier durch die verschiedenen Kombinationen derselben eine sehr große Menge verschiedener Zeiten möglich, die ohne weiteres festzustellen sind, wenn nur einmal an der Bank die Zeiten für alle möglichen Vorschübe und Arbeitsgeschwindigkeiten gemessen wurden. Ohne Veränderung der Maschine ist an diesen Zahlen nicht zu rütteln. Die Zeit der rein mechanischen Bearbeitung also, die Zeit der Spanabnahme, wird daher aus den Elementen „Vorschub und Arbeitsgeschwindigkeit" immer vorher einwandsfrei festgestellt werden können.

Zusammenfassung: Das Verfahren der Berechnung durch Zergliederung ist durchaus geeignet zur Vorausbestimmung von Arbeitszeiten. Liegen die Zeiten für alle Teiloperationen fest, so ergibt sich durch Addition dieser Zeiten die Gesamtzeit.

Betrachtet man die verschiedenen in der Praxis zur Anwendung kommenden Verfahren zur Bestimmung von Arbeitszeiten auf ihre Verwendungsmöglichkeit für Tarifverträge, so wird im allgemeinen zu sagen sein, daß ein Verfahren um so eher verspricht, gerechte Arbeitszeiten zu geben, je weniger es sich auf die Abschätzung stützt und je mehr es sich dem Verfahren der Berechnung durch Zergliederung nähert.

Die Abschätzung und ihre Abarten. Aus der einfachen Abschätzung, die der Betriebsbeamte von Fall zu Fall aus dem Gedächtnis vornahm, haben sich Verfahren entwickelt, bei denen die einmal geschätzten Zeiten in einem Bureau gesammelt, registriert und gegeneinander abgestuft wurden. So werden grobe Fehler bei neuen Schätzungen vermieden; die auf richtigen Beobachtungen beruhenden Schätzungen werden miteinander übereinstimmen, können also gewissermaßen als Mittelwert angesehen werden. Werden solche Schätzungen übersichtlich in Karten-

Gegenstand: *Marinekopf zur Schubstange*

Fabr. Nr.	Z. Nr.	Position	Material	Gewicht kg	drehen	flach hobeln	ausbohren	durchsägen	mit Deckel nachst.	mit Lager ausbohren, Formdr.	Schraubstifte bohren	schleifen	in Schlosserei fertig machen	D	d	Breite
	706	1	Fluß-eisen		4,40	0,45	0,85	0,10	0,25	1,15	0,25	0,20	5,00	136	68	50
	707	1	„		5,10	0,50	0,95	0,11	0,30	1,25	0,25	0,20	5,50	154	74	54
	708	1	„		5,50	0,55	1,00	0,11	0,35	1,35	0,25	0,20	6,00	168	80	60
	709	1	„		5,80	0,60	1,05	0,12	0,40	1,50	0,30	0,20	6,50	176	86	64
	710	1	„		6,10	0,70	1,10	0,13	0,45	1,60	0,30	0,25	7,00	192	92	70
	711	1	„		6,25	0,75	1,15	0,14	0,50	1,70	0,30	0,25	7,50	196	98	74
	712	1	„		7,00	0,85	1,35	0,14	0,55	1,80	0,35	0,25	8,00	222	118	80

Fig. 2.

systemen gesammelt, so ist eine bedeutende Verbesserung des Verfahrens nicht zu leugnen. Fig. 2 zeigt eine so entstandene Karte.

Die Berechnung durch Zeitformeln. Das Verfahren findet Anwendung bei Arbeiten auf Werkzeugmaschinen und bestimmt auf rechnerische Weise die Zeit der reinen Bearbeitung ohne alle Nebenarbeiten. Es läßt sich für alle Arbeiten die Arbeitszeit für einen Schnitt durch Formeln berechnen. Bei Langdreharbeiten hat diese Formel folgenden Bau:

$$T = \frac{\pi \times d \times l}{v \times s \times 1000}.$$

Hierbei bedeutet d = Durchmesser des Arbeitsstückes in mm

l = Drehlänge des Arbeitsstückes in mm

v = Arbeitsgeschwindigkeit in m/Min.

s = Vorschub in mm/Umdrehung.

Da d und l durch das Werkstück gegeben sind, v die Arbeitsgeschwindigkeit und s der Vorschub entsprechend dem Material von Werkstück und Werkzeug, der Leistung der Werkzeugmaschine, der Form, dem gewünschten Aussehen und der Genauigkeit des Stückes zu wählen sind, so ist die Vorausbestimmung von T, der Gesamtarbeitszeit, für einen Schnitt auf diese Weise möglich; das Verfahren gibt für die Zeit der rein mechanischen Bearbeitung bei richtiger Auswahl von v, s und der Anzahl der erforderlichen Schnitte einwandsfreie Werte. Die übrigen Zeiten, die Zeiten für die Nebenarbeiten, pflegt man durch Abschätzung zu bestimmen, bekommt hierdurch eine Ungenauigkeit hinein, die allerdings dann, wenn die Nebenarbeiten nur einen geringen Bruchteil der maschinellen Bearbeitungszeit ausmachen, wenig ins Gewicht fallen dürfte.

Die Überschlagsrechnung. Hierunter sollen diejenigen Verfahren verstanden werden, bei denen aus den Zeiten für eine Reihe gleichartiger Arbeiten die Zeit für die Fertigstellung einer Einheit dieser Arbeiten berechnet wird, und dann als Grundlage für die Berechnung weiterer ähnlicher Arbeiten dient. Dieses Verfahren gibt naturgemäß dort die richtigsten Werte, wo die Arbeitszeit im unmittelbaren Verhältnis zur gewählten Einheit steigt und fällt. Man findet hier sowohl Zeiten für die Einheit der Fläche (qm) für die Einheit des Raumes (ccm), für die Einheit des Gewichtes (kg). Die Zeit für die Einheit kann sich ergeben haben entweder als Mittelwert einer Reihe von Abschätzungen oder aber auf Grund von genauen Beobachtungen und Versuchen. Ist letzteres der Fall, so nähert sich das Verfahren sehr der Berechnung durch Zergliederung, nur werden häufig mehrere Teilbeträge durch ein und dieselbe Einheit gemessen. Wird z. B. für Oberflächenarbeiten an Maschinenteilen, für das Fertigschleifen von Wellen, die Zeit für das Schleifen eines qcm festgestellt, so ist durch diese Festsetzung ein richtiger Maßstab für die mechanische Bearbeitung dieser Art von Arbeiten für diese eine Fabrik gefunden, dagegen kann dieser Maßstab nicht für die Messung der Nebenarbeiten benutzt werden. Nehmen die Nebenarbeiten nur einen kleinen Bruchteil der Hauptzeit ein, so gibt das Verfahren trotzdem gute Werte.

Das Verfahren des Amerikaners Fred. W. Taylor. Taylor stellt durch die Zeitstudien die Zeit für einzelnen Teilverfahren mehrmals durch Messung fest; die Reihenfolge der Teilverfahren wird in den Arbeiterunterweisungskarten aufgeführt mit Angabe der Zeiten für die Teilverfahren. In Fig. 3 ist eine solche Unterweisungskarte dargestellt, wie sie beim Taylorschen Verfahren gleichzeitig mit der Arbeit in der Werkstatt herausgegeben wird.[1] Das Verfahren ist zur genauen Feststellung von Arbeitszeiten durchaus geeignet. Wenn das Verfahren heute noch nicht die Bedeutung erlangt hat, die es als richtiger Wertmesser der Arbeitszeit verdient, so liegt das daran, daß es anfangs verhältnismäßig hohe Unkosten verursacht. Das Verfahren eignet sich besonders für ausgesprochene Massenfabrikation, doch kann es auch entsprechend abgeändert für Einzelfabrikation benutzt werden.

Zusammenfassung: Die Feststellung der Arbeitszeit, die vor Beginn der Arbeit erfolgen muß, ist bei solchen Arbeiten denkbar, die vollkommen begrenzt sind und nicht reine Erfindungsarbeiten darstellen. Zur Feststellung der Arbeitszeiten vor Ausführung der Arbeit können Verfahren zur Bestimmung der Arbeitszeiten benutzt werden. Die bisherigen Verfahren geben mehr oder minder brauchbare Resultate, je nachdem sie sich auf die Berechnung durch Zergliederung des ganzen Arbeitsbetrages in Teilbeträge stützen oder auf reiner Abschätzung beruhen.

---

[1] Entnommen: Taylor-Wallichs, Moderne amerikanische Fabrikorganisation.

3*

Unterweisungskarte für Arbeitsauftrag 2 M. V. $^1/_4$ U. 4 B.   **Fig. 3.**

1 Blätter, Blatt Nr. 1		Zeichnung Nr. 9130. 101	Maschine Nr. D 12	Auftrag Nr. M. V. $^1/_4$ U. B.	
Material Bronze	Klasse Nr.	Anzahl einer Auftragsserie 500	Gesamtzeit 6,4 Stunden	Bonus 35 vH	

Beschreibung der Bearbeitung   Schlitzfräsen

Nr.	Einzelunterweisungen	Vor-schub	Ge-schwin-digkeit	Arbeit-zeit Min.	Ein-richtzeit Min.	durch-laufende Zeit
1	**I. Einrichten der Bank**					
2						
3	Holen der Unterweisungskarte . .				2,00	
4	Durchlesen der Karte				2,00	
5	Einstellen der Geschwindigkeit . .				0,20	
6	Anbringen und Einspannen der					
7	Spannvorrichtung				1,75	
8	Anbringen des Fräserdornes . . .				0,38	
9	Anbringen des RSS — 14 Schlitz-					
10	fräsers				0,79	
11	Einrichtzeit insgesamt				7,12	
12						
13	**II. Arbeitzeiten**					
14						
15	Aufnehmen des Stückes				0,03	
16	Einhängen in die Spannvorrichtung				0,07	
17	Ingangsetzen der Maschine . . .				0,04	
18	Schlitzen eines Ventilkegels . . .	HF	1 BF	0,33		
19	Herausnehmen und Fortlegen . .				0,06	
20				0,33	0,20	
21				0,53		
22	96 vH Aufschlag auf d. Handhabungs-					
23	und Einrichtzeit			0,19		
24	10 „ Aufschlag auf die Maschinen-					
25	arbeitzeit			0.03		
26						
27	Fertigstellzeit für 1 Stück insgesamt			0,75		
28	In Ordnung bringen der Maschine				2,10	
29						
30	Gesamtzeit für 500 Stück:					
31	$500 \times 0,75 + (7,12 + 2,10) = 384,22$					
32	Min. oder 6,4 Stunden					
33						
34						
35						
36						
37						
38						
39						

Wenn die Maschine nicht so laufen kann wie befohlen, muß der Geschwindigkeitsmeister sofort an den Ausfertiger dieser Karte berichten.	12 Monat	·2 Tag	1910 Jahr	Ausgefertigt B.
				Nachgesehen F.

Für Tarifverträge sind daher folgende Bestimmungen, um gerechte Arbeitszeiten zu erhalten, denkbar. Zur Feststellung von Arbeitszeiten sind Verfahren zu benutzen, welche vollinhaltlich im Vertrage angegeben werden. Da sowohl die Art der Verfahren als auch die in dem Verfahren benutzten Grundwerte für die Berechnung für jede Fabrik entsprechend ihrer verschiedenen Organisation, ihrer verschiedenen Maschinen, ihrer verschiedenen Arbeitsweise, verschieden sein werden, so kann jede Fabrik ihren besonderen Vertrag beanspruchen. Der Arbeitnehmer ist berechtigt, die unter Benutzung der Grundlage des Verfahrens berechneten Arbeitszeiten für sich zu verlangen. Glaubt der Arbeitnehmer sich trotzdem benachteiligt, d. h. scheint das Verfahren für besondere Arbeiten nicht anwendbar, so kann er einen Versuch verlangen. Der Versuch wird ausgeführt durch den Arbeitgeber oder einen ihn vertretenden Beamten oder Arbeiter. Durch den Versuch wird die kürzeste Arbeitszeit festgestellt. Die normale Arbeitszeit wird erhalten durch die kürzeste Arbeitszeit + Zuschlag in Prozenten der kürzesten Arbeitszeit. Der Zuschlag ist abhängig von der Art der Arbeit. Rein körperliche Arbeiten erfordern z. B. andere Zuschläge als Arbeiten an Werkzeugmaschinen. Sache der Tarifverträge ist es, die Höhe der Zuschläge für die verschiedenen Arbeiten festzusetzen.

III. Praxis der Entlöhnung bei bestehenden Tarifen.

A. Lokaltarife und Firmentarife.

Eine kurze Zusammenfassung des Besprochenen gibt folgendes Bild: Hauptaufgabe der Tarifverträge ist die Regelung der gerechten Entlöhnung. Alle anderen Bedingungen bilden nur die schützende Hülle für diesen Kern. Die Entlöhnung findet statt durch den Tauschartikel Geld. Da der Wert des Geldes veränderlich ist, so ist ein Korrektionsglied notwendig, sodaß auf diese Weise ein gerechter Vergleich eines Arbeitsbetrages mit einem andern Arbeitsbetrage möglich ist. Arbeitsbeträge sind zu messen durch die für die Arbeit verwendete Zeit multipliziert mit einer vom Individuum abhängigen Zahl, der Leistungszahl.

Bei Zeitlohn muß diese Leistungszahl direkt proportional sein dem Einheitslohn (Stundenlohn, Tagelohn).

Beim Stücklohn ist der Akkordbetrag = Einheitslohn ×Zeit. Für Stücklohn muß die Zeit vor Beginn der Arbeit feststellbar sein. Das ist nur möglich, bei allseitiger Umgrenzung des Arbeitsbetrages und bei Ausschaltung der Erfindungsarbeiten. Die Festsetzung der Zeitdauer einer Arbeit vor der Ausführung kann erfolgen durch Verfahren zur Bestimmung von Arbeitszeiten.

Es soll nun an bestehenden Tarifen der verschiedenen Gewerbe nachgewiesen werden, daß die theoretischen Untersuchungen durch die schon vorhandenen Tarifverträge bestätigt werden oder sich wenigstens Ansätze entsprechend der Theorie vorfinden.

Die bestehenden Tarifvereinbarungen sind nach ihrem räumlichen Geltungsbereich einzuteilen in: Firmentarife, Lokaltarife, Generaltarife, je nachdem, ob diese Tarife Gültigkeit haben für eine Firma, für einen oder mehrere Orte oder für den Bereich eines ganzen Staates.

Die Generaltarife verkörpern die fortgeschrittenste Form der tariflichen Vereinbarungen.

Da die Motive, welche sowohl die Arbeiter wie das Unternehmertum zur Abschließung von Tarifverträgen führen, rein wirtschaftlicher Natur sind, um die gewaltsame Auseinandersetzung der gegenteiligen Interessen beim Produktionsprozeß durch den Streik zu vermeiden und durch eine geregelte Form zu ersetzen, ergibt sich ohne weiteres, daß bei Abschließung der Tarifverträge die Machtverhältnisse der abschließenden Parteien der Arbeitgeber- und Arbeitnehmerorganisationen ganz bedeutend mitsprechen werden. Wenn sich daher Abweichungen der entwickelten Grundsätze bei Ansehung der Tarifverträge ergeben, so ist das nicht ohne weiteres ein Beweis dafür, daß die Grundsätze falsch sind, sondern häufig nur ein Beweis dafür, daß Tarife abgeschlossen worden sind zwischen ungleich großen Parteien, sodaß die eine Partei eine größere Berücksichtigung ihrer Interessen durchsetzen konnte. Die gerechtesten Tarife, d. h. diejenigen Tarife, die den größten Anspruch darauf machen können, daß ihr Inhalt die gerechte Entlöhnung für geleistete Arbeitsbeträge sichert, werden solche Tarife darstellen, wo sich große Organisationen mit möglichst gleichen Machtverhältnissen gegenüberstehen. Daher werden auch die Generaltarife, die nur erreichbar sind durch umfangreiche Organisationen auf Unternehmer- und Arbeiterseite in dieser Arbeit besonders bevorzugt werden, da sie eine sicherere Grundlage bilden als die Lokal- oder Firmentarife. Die bedeutendste deutsche Tarifvereinigung, bedeutend sowohl durch die Zahl der Beteiligten als auch durch die jahrelange Verwendung und ständige Verbesserung, der Buchdruckertarif, wird besonders besprochen werden. Da er auch vielfach in Großbetrieben benutzt wird, sowohl für Zeitlohn als auch für Stücklohn Bestimmungen bringt, wird er besonders geeignet sein, Parallelen zu den Betrieben des Maschinenbaues zu ziehen. Die vorhandenen Tarifverträge im Gebiet des Maschinenbaues sind Firmentarife und können nur in geringem Maße ein abschließendes Urteil über die Sache bringen. Regierungsrat Selter[1]), der diese Tarife näher untersucht hat, schreibt am Schluß: „Das Resultat der gesamten Untersuchung ist also kurz folgendes: Von Großbetrieben des Maschinenbaues usw. mit differenzierter Produktion und mit in der Hauptsache Stücklöhnung haben in Deutschland insgesamt nur drei oder, wenn man die beiden Betriebe, die Verfasser nicht geantwortet haben, sowie diejenige Waggonfabrik, die Verfasser nicht ermitteln konnte, hinzurechnet, nur sechs Betriebe Tarifverträge mit Bestimmungen über Lohnfestsetzungen mit ihren Arbeitern abgeschlossen.

Ganz abgesehen davon, daß diese geringe Zahl von Großbetrieben mit Tarifverträgen gegenüber der großen Anzahl von Großbetrieben in Deutschland überhaupt nicht als Gegenbeweis für die von Unternehmerseite aufgestellte Behauptung für die technische Unmöglichkeit der allgemeinen Einführung von Tarifverträgen angesehen werden kann — hieran würde nach Ansicht des Verfassers auch dadurch nichts geändert, wenn selbst die Zahl sich noch um einige Betriebe erhöhte —, können diese von den einzelnen Großbetrieben abgeschlossenen Verträge in Wirklichkeit auch nicht einmal als Tarifverträge im Sinne der Anhänger der Tarifverträge bezeichnet werden, denn die fundamentalen Bestimmungen eines

---

[1]) Selter, Tarifverträge in Maschinenbau-Großbetrieben, Werkstatttechnik 1911, S. 80.

Tarifvertrages: „prinzipielle Mitbestimmung der Arbeiter an der Festsetzung der Löhne und Schlichtungskommissionen für Lohnstreitigkeiten" hat Verfasser bei keinem dieser Verträge gefunden. Es würde sich also höchstens hier nur um „Tarifvereinbarungen" handeln. Hierzu kommt noch, daß Verfasser bei keinem von den Betrieben, die Tarifverträge abgeschlossen haben, auch nicht bei solchen Betrieben mit in der Hauptsache Massenfabrikation — die neue analysierende Kalkulationsmethode vorgefunden hat. Vielmehr wurden in sämtlichen Betrieben die Rekordpreise noch in der Hauptsache durch den Werkstattsmeister schätzungsweise festgesetzt. Wie Verfasser aber bereits früher ausgeführt hat, kann es nur noch eine Frage der Zeit sein, daß bei den immer größer werdenden Lasten und der stetig zunehmenden Konkurrenz die Fabriken dazu übergehen müssen, statt der alten ungenauen Akkordfestsetzungsmethode die genauere analysierende Methode einzuführen. Der Übergang wird natürlich am ersten bei den größeren Betrieben stattfinden, da ja hier die Kontrolle der Akkorde am schwierigsten ist und hier eine ungenaue Kalkulation die größten Nachteile mit sich bringt."

Daher werden sich die folgenden Untersuchungen weniger mit den Tarifen des Maschinenbaues befassen. Es sind ja auch allgemeine Sätze zu beweisen, die nicht nur für den Maschinenbau Geltung haben sollen, sondern auch in allen anderen Gewerben sich wieder finden. Umgekehrt darf daraus, daß sie sich bei andern Gewerben bestätigen, geschlossen werden, daß die allgemein gefundenen Regeln auch für den Maschinenbau Gültigkeit haben. Wenn trotzdem im Maschinenbau bisher wenig Tarife vorhanden sind, so werden hierfür besondere Gründe vorliegen, auf die später eingegangen wird. Erst soll der Nachweis der entwickelten Grundsätze an den erprobten bestehenden Tarifen geführt werden.

a) Zeitlohn und Leistungszahl. Den veränderlichen Wert des Geldes berücksichtigen alle Tarife. Sobald Tarifverträge desselben Gewerbes an verschiedenen Orten bestehen, findet man verschiedene Lohnsätze. In den Beiträgen zur Arbeiterstatistik No. 4, bearbeitet im kaiserlichen Statistischen Amt (hier kurz genannt: das amtliche Werk) sind für die gleichen Gewerbe die Höhe der Löhne an verschiedenen Orten durch eine Kurve graphisch zusammengestellt. Bei der Auswahl der Orte sind, soweit es möglich war, dieselben oder der geographischen Lage nach entsprechende Städte gewählt worden.

In Fig. 4 sind einige dieser über verschiedene Tabellen des amtlichen Werkes verteilten Angaben derart zusammengetragen,

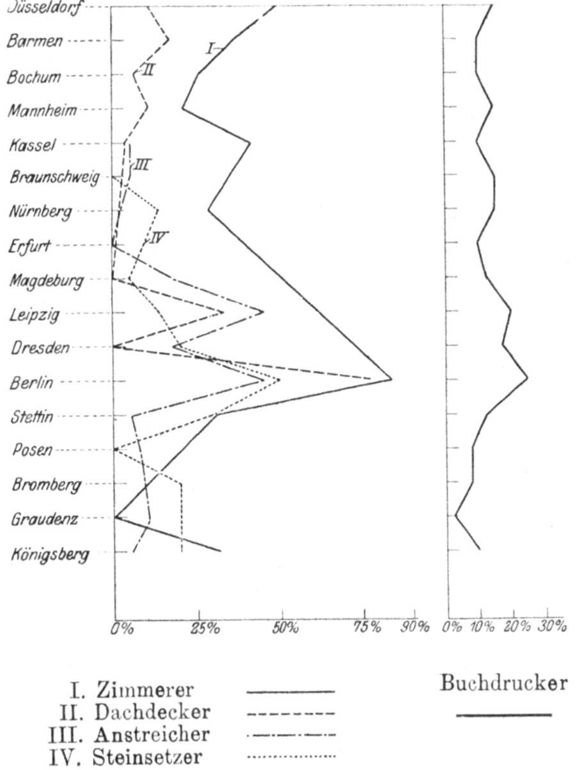

Lohnhöhe für verschiedene Ortschaften.

Fig. 4.

daß Orte ausgewählt wurden, für welche sich möglichst viele Angaben von Tarifen verschiedener Gewerbe vorfanden. Für jedes Gewerbe wurde dann der Ort mit dem niedrigsten Lohnsatz als Nullpunkt angenommen. Aus den Angaben über die Lohnhöhe in anderen Ortschaften wurden die Zuschläge berechnet, die in

Prozenten auf den niedrigsten Lohnsatz zu machen sind, um die
Lokallohnhöhe zu erhalten. Die Kurven, die diese prozentualen
Zuschläge ergaben, sind in Fig. 4 zusammengetragen. Zum Vergleich ist rechts daneben in demselben Maßstabe die Kurve auf-
gezeichnet, die sich nach dem Buchdruckergeneraltarif für die
ausgewählten Ortschaften ergeben würde. Auch der Buchdruckertarif berechnet in Prozenten auf den Mindestlohn die Lohnhöhe
für verschiedene Ortschaften.

Während der Buchdruckertarif aber die höchsten Zuschläge
für Berlin mit 25 % auf den Minimallohnsatz vorsieht, geben die
anderen Tarife für die Stadt Berlin Zuschläge, die bis 85 % be-
tragen. Keines der zur Darstellung benutzten vier Gewerbe sieht
für Berlin unter 45 % vor. Während zwar die Höhe der Zuschläge
für Berlin recht verschieden ist, so ist doch allen Gewerben gemein-
sam das Emporschnellen der Kurve für Berlin.

Wenn man annimmt, daß der Buchdruckertarif als einziger
Generaltarif den lokalen Geldwert in seiner Lohnstufung richtig
berücksichtigt hat, so müßten auch alle die anderen Tarife dieselben Schwankungen in den Kurven zeigen, wenn auch nicht
verlangt werden kann, da der Nullpunkt bei verschiedenen Städten
liegt, daß die Kurven zusammenfallen, so müßten sich doch äqui-
distante Kurven für alle Gewerbe ergeben. Wie weit die Lokaltarife der Gewerbe davon entfernt sind, zeigt das Kurvenblatt
deutlich. Es kommen sogar recht merkwürdige Schwankungen
vor, die durch den örtlichen Geldwert absolut nicht zu erklären
sind, die entweder durch die Verschiedenheit von Angebot und
Nachfrage oder aber durch die Verschiedenheit in den Machtverhältnissen der Vertrag-Abschließenden erklärt werden können.
So fällt der Lohn für die Dachdecker in Cassel gegenüber Mannheim
um 7 %, dagegen steigt für dieselben Städte der Lohn für die
Zimmerer um 20 %; während gegenüber Leipzig für Dachdecker
und Anstreicher der Lohn in Dresden um 25 % niedriger ist, ist für
die Steinsetzer der Lohnsatz in Dresden höher als in Leipzig. Es
sind hier soeben nur einige der auffallendsten Schwankungen der
Kurve besprochen worden, um zu zeigen, wie recht wenig einheitlich
die einzelnen bestehenden Lokaltarife vorgehen.

Diese Lokaltarife sind eben außerordentlich stark beeinflußt durch die Machtverhältnisse der vertragschließenden Parteien. Eine einheitlichere Regelung der örtlichen Stufung würde der Gerechtigkeit sicher mehr entsprechen; auch dürfte der Buchdruckertarif mit seinen 25 % betragenden Höchstzuschlägen wohl besser dem Wert des Geldes folgen als die Kurve der Zimmerer mit 85 %; mit anderen Worten, einige Lokaltarife der Zimmerer können bei der jetzigen Stufung nicht dem gerechten, dieser Arbeiterschicht zukommenden Zeitlohn entsprechen. Sie sind sicher entweder an einigen Orten zu hoch oder an andern zu niedrig, da ein so großer Unterschied in der Leistungszahl innerhalb desselben Gewerbes selbst bei der Annahme, daß in Berlin an das Gewerbe größere Ansprüche gestellt werden, nicht zu erklären ist.

Eine gerechte Forderung wird es sein, durch weiteres Einsammeln von Material der bestehenden Tarife, durch Gegenüberstellung und Vergleich der Kosten für die Bedürfnisse des täglichen Lebens in den verschiedenen Orten ein mittleres Korrektionsglied zu finden, welches die Stufung des lokalen Geldwertes gerecht berücksichtigt. Dann müssen die Tarifverträge, selbst wenn es sich nur um mehrere Lokaltarife handelt, diesem Korrektionsglied entsprechend gestuft werden, um auf diese Weise möglichst die Machtfrage auszuschalten und damit die Bedrückung der Arbeiter oder die Zwangslage der Unternehmer auf ein geringes Maß zu beschränken.

Die Feststellung des Verhältnisses zwischen Lohnhöhe und Arbeitgebergewinn brachte theoretisch ganz erhebliche Schwierigkeiten. Diese Schwierigkeit liegt bei allen Gewerben vor. Trotzdem findet man eine große Reihe von Tarifvereinbarungen für die verschiedensten Gewerbe. So stellt das amtliche Werk Mitte des Jahres 1905 schon 1577 Tarife fest. In dem Werke wird weiter darauf hingewiesen, daß „die tarifliche Regelung des Arbeitsverhältnisses sich nach dem heutigen Stande der Bewegung ganz überwiegend auf die noch mehr oder weniger handwerksmäßig betriebenen Gewerbe beschränkt." (Band II, S. 13).

So war nach früheren Ausführungen zu erwarten. In den handwerksmäßig betriebenen Gewerben ist der Übergang vom Arbeiter zum Unternehmer noch eher möglich. Daher wird sich hier auch ein gerechtes Verhältnis zwischen Lohnhöhe und Arbeitgebergewinn leichter bilden lassen.

Die große, immer wachsende Anzahl der Tarifverträge, besonders solcher Tarifverträge, die auf einer Zeitlohnstufung beruhen, beweist, daß in der Praxis eine Feststellung des Verhältnisses zwischen Arbeiterlohn und Unternehmergewinn vielfach vorliegt. Tarifarme Gewerbe pflegen solche zu sein, in denen überwiegend im Stücklohn gearbeitet wird, denn nicht die Feststellung des Zeitlohnsatzes, sondern die weiter unten zu besprechenden Schwierigkeiten für den Stücklohntarif sind es, die tarifliche Vereinbarungen in der Großindustrie so schwierig gestalten. Die Möglichkeit der Festsetzung von Zeitlohntarif wird auch nirgends bestritten, weder von Arbeitgeber- noch von Arbeitnehmerseite. Regierungsrat Selter bemerkt hierzu auf Seite 9 der früher schon besprochenen Abhandlung: „Vorweg möchte Verfasser bemerken, daß solche Betriebe, die nur Zeitlöhnung und in der Hauptsache nur Massenfabrikation besitzen, wie z. B. Fahrradfabriken oder Fabriken zur Herstellung von elektrischen Apparaten oder dergleichen, aus dem Kreis der folgenden Betrachtungen ausgeschlossen sein sollen. Denn für derartige Betriebe muß jeder, der mit dem Wesen der Tarifverträge vertraut ist, die technische Möglichkeit der Einführung von Tarifverträgen ohne weiteres zugeben. Verfasser beschränkt sich also auf solche Großbetriebe des Maschinenbaues, der Elektrotechnik usw., die vorwiegend Akkordlöhnung besitzen und Gegenstände herstellen, die entweder in ihrer Gesamtheit schnell wechseln oder aber deren Bauart einem mehr oder weniger großen und stetigen Wechsel unterworfen ist."

Während also theoretisch die Feststellung eines Tarifes für Zeitlohn, also eines Tarifes für die Leistungszahl außerordentlich schwierig zu sein scheint, wird praktisch diese Frage vielfach gelöst, wofür am besten die große Zahl der schon abgeschlossenen Zeitlohntarife sprechen. Damit ist auch die praktische Durchführbarkeit der Festlegung einer durchschnittlichen Leistungszahl für eine Arbeiterschicht bewiesen.

Um festzustellen, ob die für die Stufung der Leistungszahl zwischen den verschiedenen Gewerben angegebenen Erwägungen sich durch die bestehenden Tarife beweisen lassen, wurde für die verschiedenen Gewerbe die Lohnhöhe in einer Kurve nach Angaben des amtlichen Werkes zusammengestellt, und zwar wurde eine Kurve aufgestellt ˖, für solche Gewerbe, bei denen Zeitlohn überwiegt, und eine andere, bei denen Stücklohn über-

Zeitlohn=Gewerbe.

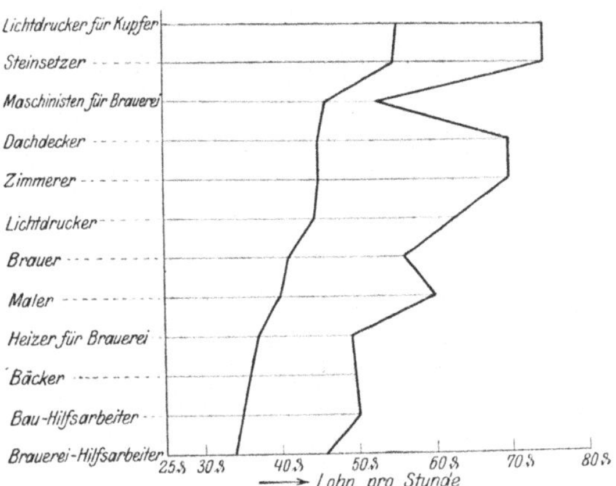

Akkordlohn=Gewerbe.

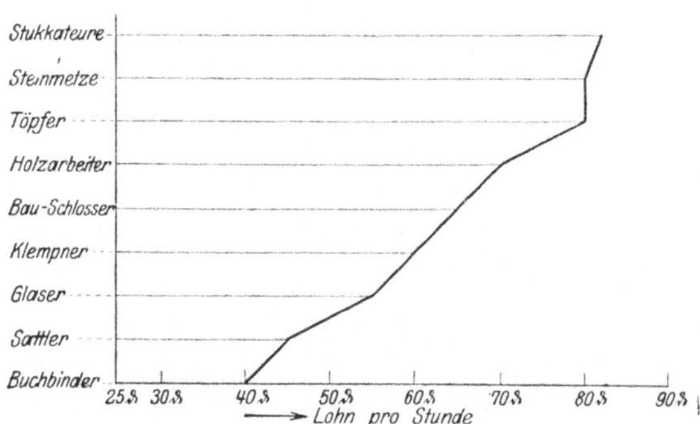

Lohnhöhen verschiedener Gewerbe.

Fig. 5.

wiegt. Diese Trennung wurde deshalb durchgeführt, weil die durchschnittliche Lohnhöhe bei Stücklohn eine höhere ist als bei Zeitlohn, eine Vereinigung beider Lohnarten daher nicht ratsam erschien. Fig. 5a bringt die Gewerbe, die überwiegend im

Zeitlohn arbeiten. Die Kurve I gibt die durchschnittlichen Lohnsätze an, während die Kurve II Lohnsätze für Berlin zeigt. Die
Schwankungen für die Lohnsätze in Berlin sind erheblich größer,
selbstverständlich werden in durchschnittlichen Lohnsätzen diese
Schwankungen sich verwischen. Die einzelnen Gewerbe sind in
der Figur geordnet nach ihrer durchschnittlichen Lohnhöhe. Die
oben aufgeführten Gewerbe müßten daher die größte Leistungszahl haben, die am weitesten unten stehenden die geringste Leistungszahl aufweisen. Fraglos werden alle die Faktoren, die die Leistungszahl bestimmten, bei den oben stehenden Gewerben sich höher stellen
als bei den unten stehenden Hilfsarbeitern, schon weil bei den
letzteren das Anlagekapital am geringsten ist. Besonders interessant
ist auch der große Unterschied zwischen den Kupfer-Lichtdruckern
und den gewöhnlichen Lichtdruckern, welcher auf den ersten Augenblick nicht seine Berechtigung zu haben scheint. Wenn man aber
bedenkt, daß der Kupferdruck meistens noch durch Handpressen
erfolgt und das Herausarbeiten eines guten Kupferdruckes hohe
Erfahrung, ja selbst eine Art künstlerischer Anlage (Anlagekapital) erfordert, so ist damit dieser Unterschied wohl genügend
erklärt.

Die großen Instandhaltungskosten, die Gewerbe mit schwerer
körperlicher Arbeit verlangen, gegenüber Gewerben mit leichterer
Arbeit, treten in Fig. 5a dadurch in Erscheinung, daß die Steinsetzer, Dachdecker, Zimmerer gegenüber den Malern und Bäckern
oder in Fig. 5b dadurch, daß die Steinmetze gegenüber den Sattlern
und Buchbindern bei weitem höhere Lohnsätze erhalten.

Über die Stufung der Leistungszahl innerhalb eines Gewerbes
gibt Fig. 6 Auskunft. In Fig. 6a ist die Lohnsteigerung in Prozenten
für das Lebensalter, in Fig. 6b die Lohnsteigerung in Prozenten
für das Alter im Beruf dargestellt. Die Lohnsteigerung für das
Alter im Beruf erscheint sinngemäßer, da nur durch das Alter
im Beruf sich eine Steigerung der Leistungszahl durch Erhöhung des
Anlagekapitals begründen ließe. Da aber die drei in Fig. 6a aufgeführten Gewerbe eine geregelte Ausbildung kennen, so ist auch
anzunehmen, daß dem Lebensalter auch ein gewisses Berufsalter
entspricht. Während in Fig. 6a die Kurve II der Setzer nur eine
geringe Erhöhung der Leistungszahl vorsieht, gibt Kurve III eine

recht beträchtliche Erhöhung derselben für die Former. Das würde
besagen, daß bei den Setzern nach dem Auslernen, nach der voll-
ständigen Aneignung der für dieses Gewerbe notwendigen Geschicklichkeit eine große Erhöhung des Anlagekapitals durch neue Er-

Stufung der Lohnhöhe eines Arbeiters.

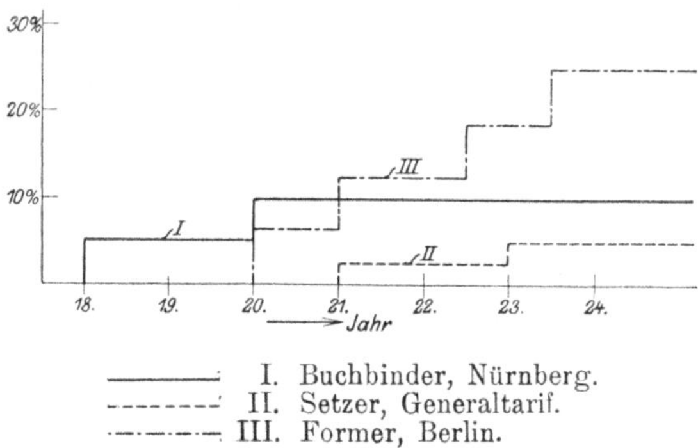

——————— I. Buchbinder, Nürnberg.
– – – – – – II. Setzer, Generaltarif.
– · – · – · III. Former, Berlin.

Stufung nach dem Lebensalter.
Fig. 6a.

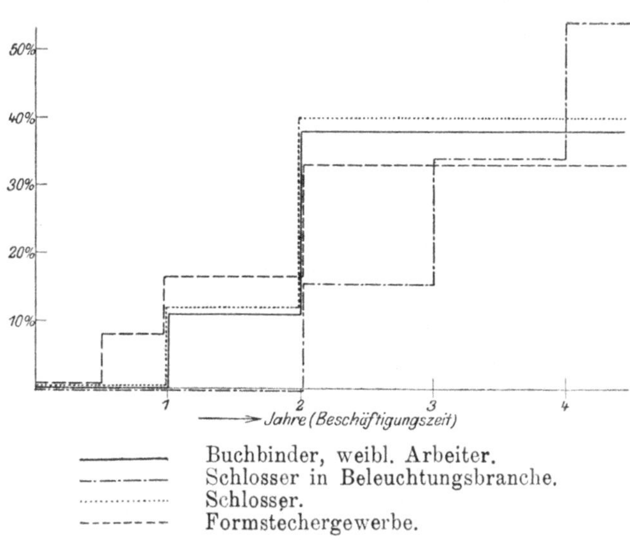

——————— Buchbinder, weibl. Arbeiter.
– · – · – · Schlosser in Beleuchtungsbranche.
· · · · · · · · Schlosser.
– – – – – Formstechergewerbe.

Stufung nach dem Alter im Gewerbe.

Fig. 6b.

fahrungen oder dergleichen der Natur des Gewerbes nach nicht zu erwarten ist, während der Former eine ganze Reihe von Jahren gebraucht, um die höchste Leistungszahl zu erreichen, sich also seine Leistungszahl durch das Sammeln von Erfahrungen, also durch die Erhöhung seines Anlagekapitals später noch ganz beträchtlich steigert. Daß dies den Tatsachen entspricht, muß jeder zugeben, der die beiden Gewerbe kennt.

In Fig. 6b wird bei den Schlossern der Beleuchtungsbranche im Lokaltarif für Mainz erst für eine Beschäftigung im vierten Jahre der Höchstsatz vereinbart, während bei den drei anderen Gewerben, den Schlossern, den Buchbindern und Formstechern der Höchstlohnsatz schon nach zwei Jahren erreicht wird. Beide Figuren zeigen aber, wie die Erhöhung des Anlagekapitals entsprechend der längeren Beschäftigungsdauer im Gewerbe in der Erhöhung des Lohnes treffend berücksichtigt wird.

Über die Stufung der Löhne innerhalb eines Gewerbes findet sich im amtlichen Werk, Band II, Seite 131 folgender Hinweis: „Zunächst werden durchweg für invalide und ältere nicht mehr voll leistungsfähige Arbeiter, ebenso für Gesellen in den ersten Jahren nach der Lehrzeit niedrigere Löhne als für volle Arbeitskräfte vorgesehen. Vielfach bleibt bei diesen Arbeitern die Festsetzung des Lohnsatzes noch der freien Vereinbarung zwischen Arbeitgeber und Arbeiter von Fall zu Fall überlassen. Für die vollwertigen Arbeiter ist einer verschiedenen Entlöhnung je nach der Brauchbarkeit auf verschiedene Weise Spielraum gegeben. Entweder es sind Mindestlöhne festgesetzt, über die der Arbeitgeber je nach der Leistungsfähigkeit des Arbeiters hinausgeht, oder es sind Durchschnittslöhne vereinbart, jedoch im Interesse der Differenzierung nach der Leistungsfähigkeit nicht in Gestalt eines einheitlichen Lohnsatzes für alle Arbeiter, sondern wie bei den Dachdeckern in der Festsetzung eines niedrigsten und eines höchsten Satzes. Zwischen diesen beiden Grenzen bewegt sich der Lohnsatz des einzelnen Arbeiters je nach dessen Brauchbarkeit. Weitere Abstufungen finden je nach der Beschäftigungsdauer des Arbeiters im Gewerbe und der damit erlangten größeren Übung sowie auch nach der Beschäftigungsdauer in demselben Betriebe — letzteres namentlich im Braugewerbe — statt."

Auch hier wird bestätigt, daß bei geringerer Verzinsung des Anlagekapitals, d. h. beim Verfall der Kräfte die Leistungszahl sinken muß; für den vollwertigen Arbeiter ist innerhalb derselben Branche eine verschiedene Entlöhnung je nach der Brauchbarkeit möglich, auch je nach seinem sich geschaffenen Anlagekapital und der Ausnutzung desselben wird die Leistungszahl höher oder niedriger. Wenn selbst der Ausfall einer mit gut bestandenen Gesellenprüfung auf die Lohnhöhe bestimmend wirkt, so heißt das, daß mit dem Bestehen der Prüfung der Nachweis einer gewissen Menge Anlagekapital erfolgen soll.[1])

Für die Heimarbeit wird bei Schneidern und Schuhmachern ein höherer Lohnsatz vereinbart als bei den in den Werkstätten Arbeitenden, was das amtliche Werk damit begründet, daß den Heimarbeitern besondere Ausgaben für Beleuchtung und Heizung des Arbeitsraumes zu Hause erwachsen. Wenn die Heimarbeit der Frau aber niedriger bezahlt wird als ihre Werkstattarbeit, so ist dies nur dann im gewissen Grade berechtigt, wenn durch die Anwesenheit der Frau im Hause die Instandhaltungskosten der Wirtschaft verringert werden, da die Frau einen Teil der Hausarbeit nebenher besorgen kann, wofür sonst eine andere Arbeitskraft, deren Bezahlung allerdings oft nur in der Mitunterhaltung besteht, vorhanden sein müßte.

Auch für die Verschiedenheit der Leistungszahl für verschiedene Arbeiten finden sich in den vorhandenen Tarifen vielfach Belege. So sieht der Tarif für Dachdecker für Turm-, Schornstein- und Leiterarbeiten erhebliche Zuschläge vor, weil die Leistungs-

---

[1]) Auch die „Untersuchungen über Arbeitseignung und Leistungsfähigkeit der Arbeiterschaft eines großindustriellen Betriebes" durch Dr.-Ing. Bienkowski gelangen zu ähnlichen Gesetzen. Derselbe sagt in genannter Arbeit (Doktor-Dissertation, Königl. Techn. Hochschule zu Berlin, 1910) auf Seite 29 unter Ziffer 3: „Je höhere geistige Ansprüche an die Arbeiter gestellt werden, je mehr das Resultat der Arbeit von dem Maß der erlangten Erfahrung abhängt, desto weiter wird sich das Verdienstmaximum mit steigendem Lebensalter verschieben. Eine Arbeiterkategorie, für die die genannten Voraussetzungen zutreffen, sind die Schmelzer in der Metallgießerei. Es hängt hier sowohl die Qualität des Gusses als auch die Zahl der herausgebrachten Güsse von dem Maß der Erfahrung und der Intelligenz der Schmelzer in erster Linie ab."

zahl durch die Erhöhung der Abschreibungsquote schnell wachsen muss.

Weiter bringen alle Tarife Lohnaufschläge für Überzeitarbeiten. Häufig wird hier der Aufschlag entsprechend der Verlängerung der Arbeitszeit schnell erhöht, weil bei weiterer Verlängerung der Arbeitszeit der Energieaufwand für die Leistung desselben Arbeitsbetrages außerordentlich wächst, also höherer Kräfteverbrauch eintritt.

Wird gegenüber einer bisher als normal geltenden Arbeitszeit die Arbeitszeit verkürzt, unter der Annahme, daß der Arbeitsbetrag derselbe bleibt, so müßte theoretisch die Leistungszahl, also die Löhne steigen. Das amtliche Werk, Band II, Seite 132, macht darüber die Bemerkung, daß sich die Tatsache ergibt, daß „höhere Löhne meist kürzeren Arbeitszeiten, niedrigere Löhne meist längeren Arbeitszeiten gegenüberstehen.“

Zusammenfassung: Die bestehenden Zeitlohntarife zeigen, daß trotz der früher erwähnten theoretischen Schwierigkeiten die Festsetzung der Leistungszahl für die verschiedensten Gewerbe möglich ist. Für die Gesetze, welche für die Gestaltung der Leistungszahl als maßgebend aufgestellt wurden, finden sich eine große Reihe Bestätigungen in den vorhandenen Tarifen. Beim weiteren Ausbau von Tarifen im Zeitlohn kann aber noch mehr als früher eine diesen allgemeinen Gesetzen entsprechende Stufung vorgenommen werden, wenn man den gerechten Lohn, nicht eine dem augenblicklichen Machtverhältnis der Vertragschließenden entsprechende Abmachung erhalten will.

b) Stücklohn und Bestimmungen von Arbeitszeiten. Beim Stücklohn wird neben der Festsetzung des Einheitslohnsatzes die Feststellung der Arbeitszeit notwendig. Die für Stücklohn bestehenden Tarifverträge pflegen nun immer gleich den Einheitslohn mit der Zeit zu vereinigen, d. h. sie geben direkt den Geldbetrag für den Arbeitsbetrag an, ohne erst die Zeit festzustellen.

Am häufigsten finden sich nun solche Stücklohntarife, bei denen für jedes vorkommende Stück direkt der Preis festgesetzt ist. Das ist natürlich nur möglich bei solchen Gewerben, bei denen die Zahl der verschiedenen Stücke eine beschränkte ist, z. B. im

Schneidergewerbe, wo es sich in der Großkonfektion um die Anfertigung der drei Teile eines Anzuges, Hose, Weste, Jackett in den verschiedensten Variationen handelt. Die dabei vereinbarten Preise sind Durchschnittspreise auf Grund einer Reihe von Beobachtungen. Hier liegt also die Normalarbeitszeit für jedes einzelne Stück auf Grund einer ganzen Reihe von Ausführungen fest. Auch der Arbeitsbetrag ist genau bekannt; es sind also alle theoretischen Vorbedingungen für die Festsetzung von Stücklohn erfüllt.

Weiter findet man verschiedene Stücklohntarife, bei denen die Berechnung nach einer Einheit der Fläche, einer Einheit des Raumes oder Einheit des Gewichtes erfolgt.

Für das Verlegen von Parkettfußboden wird ein Preis für 1 qm vereinbart. Dieser Preis ist noch gestuft nach der Anzahl der auf einen Meter erforderlichen Stäbe; je mehr Stäbe in 1 Meter, desto höher der Preis. Benutzt wurde also eine Einheit der Fläche.

Für Hafenarbeiter, die das Löschen von Schiffen, das Ausladen von Steinen zu übernehmen haben, findet man Stücklohn für 1000 Steine.

Auch eine Stückpreisberechnung durch Zergliederung der Arbeitsbeträge in eine große Reihe einzelner kleiner Beträge findet sich in den vorhandenen Tarifverträgen, zwar wird auch hier nicht die Zeit für einen Teilbetrag, sondern der Preis für den Teilbetrag vereinbart. Über eine solche Zergliederung, wie sie im Buchdruckertarif für die Arbeiten des Setzers vorgenommen wird, wird später ausführlich bei Besprechung des Buchdruckertarifes berichtet werden.

In Tarifen mit Stückpreisberechnung werden von dieser Berechnung häufig besondere Arbeiten ausgenommen; es sind dies immer Arbeiten, deren Arbeitsbeträge vorher nicht übersehen werden können, z. B. Montagearbeiten. So findet sich, um ein Beispiel für viele herauszugreifen, im Stücklohntarif für Trockenstuckarbeiter: Türverdachung über einfachen Türen 1 Mark, doppelte Türen und Schiebetüren 2 Mark, müssen dieselben erst passend gemacht werden, nach Vereinbarung.

Auch für Arbeiten, die eine Erfindungstätigkeit erfordern, wird die Festsetzung des Akkordes in allen Tarifen vermieden.

Auch hier bringt der Buchdruckertarif ein später zu besprechendes treffendes Beispiel.

Zusammenfassung: Die bestehenden Tarifvereinbarungen für Stücklöhnung führen entweder in einer Liste alle vorkommenden Arbeiten auf, geben für diese Einzelstückpreise an, oder aber sie benutzen Verfahren zur Bestimmung von Arbeitszeiten, in denen dann nicht die Zeit, sondern meist gleich der Preis für eine Einheit festgelegt wird.

B. Der Generaltarif der Buchdrucker.

Benutzt wurde „Der Buchdruckertarif giltig ab Januar 1907". Die ersten drei Paragraphen legen die Normalarbeitszeit fest. § 4 gibt an: „das Minimum des gewissen Geldes", d. h.: er setzt fest einen Minimallohn, gestuft nach dem Alter ohne Lokalzuschläge. Auch hier ist also vorgesehen, eine Stufung der Leistungszahl entsprechend der Höhe des zu erwartenden Anlagekapitals. Für solche, die nicht eine Lehrzeit von fünf Jahren haben, kann für die erste Zeit dieser Minimallohn unterschritten werden. Man nimmt also an, daß in einer kürzeren Lehrzeit nicht die Normalleistungszahl erreicht werden kann.

In § 6 werden die Zuschläge für Überstunden festgelegt. Außer dem tarifmäßigen Verdienst werden Zuschläge für Zeiten zwischen 9 Uhr abends und 6 Uhr morgens und für alle Stunden, die, wie sie auch liegen, über eine elfstündige Arbeitszeit hinausgehen, vorgesehen.

Die nächsten Paragraphen bringen eingehendere Bestimmungen über die zu zahlenden Entschädigungen bei Verminderung der Dienstleistung, Bestimmungen, die für diese Arbeit nicht in Betracht kommen. In § 12 sind dann die lokalen Zuschläge, für die verschiedenen Ortschaften gestuft, von 0—25 % festgesetzt.

In den nächsten Paragraphen folgen die Tarifbestimmungen über die Berechnung des Stücklohnes: „Vom Handsatz im Berechnen". Die Berechnung findet statt durch das Verfahren der Berechnung durch Zergliederung. Beim Setzen einer Schrift ist die natürliche Zergliederung das Anfügen eines Buchstabens an den andern. Der Durchschnittsweg, den die Hand dabei von den Fächern zum Winkelhaken zurücklegen muß, und die hierzu notwendige Zeit wird dadurch festgelegt, daß man die Zeit für das Absetzen von 1000 Buchstaben zu Grunde legte.

Im Tarif sind nun für 1000 Buchstaben der verschiedenen Schriftarten und Größen die Preise direkt angegeben.

Es ist sicher kein Zufall, daß der Buchdruckertarif der erste war, der in solchem Umfange das beste Verfahren zur Berechnung von Arbeitszeiten benutzt. Nicht die Preise für verschiedene Formate, für verschiedene Zeilenbreiten usw. wurde festgelegt, was sicher zu einem außerordentlich umfangreichen Tarife hätte führen müssen, sondern die hier so bequem durchführbare Zergliederung der Arbeitsbeträge in Einzelbeträge führte sicherer und mit wenigen Bestimmungen zum Ziel.

Außer diesen zu zahlenden Grundpreisen sind für besondere Arbeiten verschiedene Zuschläge vorgesehen. Für das Setzen fremder Sprachen werden feste Zuschläge festgesetzt, da hier zwar eine größere Zeit notwendig ist, die aber sicher meßbar ist, dagegen bestimmt § 56: „Für schwer leserliche, ungeordnete und durch Korrekturen erschwerte Manuskripte ist der Setzer besonders zu entschädigen". Hier sieht man deutlich, wie die beim Entziffern eines solchen Manuskriptes aufzuwendende Denkarbeit, die sicher oft eine Erfindungsarbeit ist, als nicht meßbar angesehen wird. Daher sieht der Tarif einen bestimmten Stücklohnsatz nicht vor.

Der Tarif zählt weiter noch eine Reihe anderer Arbeiten auf, bei denen auch die Zeitbestimmung Schwierigkeiten macht und setzt hierfür fest, daß diese Arbeiten im Zeitlohn unter Zugrundelegung des Durchschnittsverdienstes des Setzers im Stücklohn, auszuführen sind. Hier wird also die Leistungszahl bestimmt durch die aus früheren Arbeiten sich ergebenden durchschnittlichen Leistungen, sodaß jeder eine seiner Leistungszahl entsprechende Lohnhöhe erhält.

Für Maschinensatz und den damit in Zusammenhang stehenden technischen Arbeiten gibt der III. Teil des Buchdruckertarifes besondere Bestimmungen. Auch hier wird eine Berechnung nach der Buchstabenmenge eingeführt, die natürlich erheblich größer ist, als die vom Handsetzer zu leistende. Das Lohnminimum für den

Maschinensetzer ist um 25 % höher als das Lohnminimum der Handsetzer. Da die Maschinensetzer nach den Bestimmungen des Tarifs hervorgehen müssen aus den Handsetzern, diese Handsetzer noch einen besonderen Ausbildungsgang für die Tätigkeit als Maschinensetzer durchmachen müssen, so ist es auch theoretisch vollkommen berechtigt, daß das Lohnminimum für Maschinensetzer höher ist als für Handsetzer, da erstere eine höhere Leistungszahl infolge der zusätzlichen Lehrzeit haben. Dieser Zuschlag von 25 % ist aber vorgesehen mit der Einschränkung, daß der Maschinensetzer nach Ablauf seiner Lehrzeit eine gewisse Mindestleistung nachweisen muß, wenn er Anspruch auf einen Zuschlag machen will. Deutlich sieht man hier wieder, daß die Lohnhöhe abhängig gemacht wird von der Erreichung einer bestimmten Leistung, von dem Nachweis des erhöhten Anlagekapitals. Besondere nicht zum Setzen gehörende Zwischenarbeiten und Nebenarbeiten werden extra entschädigt. Entweder sind hier für häufig wiederkehrende Nebenarbeiten bestimmte Preise angesetzt, oder aber nicht meßbare Nebenarbeiten werden nach der Zeit entschädigt. So findet sich z. B. folgende Preisangabe für die Arbeiten an der Linotype:

Format- und Kegelwechsel 30 Pf.
nur Breitenwechsel 15 „
Magazinwechsel 20 „ usw.

Ebenso müßte es möglich sein, für häufig in gleicher Weise wiederkehrende Nebenarbeiten an Werkzeugmaschinen, z. B. für das Einsetzen eines Gewindeschneidkopfes in den Revolverkopf einer Revolverbank Stückpreise durch Tarife festzulegen. Die allgemeinen Tarife könnten dann die Bestimmungen erhalten, daß für solche Arbeiten, wie sie eben erwähnt wurden, die Arbeitnehmer die Aufstellung fester Stückpreise verlangen können.

In Abschnitt IV finden sich die besonderen Bestimmungen für Maschinenmeister und Drucker, da gerade die für diese Arbeiterklasse vorkommenden Arbeiten eine Art Montagearbeit darstellen, deren Umfang, Anfangs- und Endzustand recht verschieden ausfallen kann, zu deren Erledigung häufig, besonders auch bei dem Druck von Illustrationen reine Denkarbeiten zu leisten sind, so ist es klar, daß für die Arbeiten keine Stückpreistarife eingeführt werden können. Es enthält daher der Abschnitt lediglich Bestimmungen über die Pflichten von Arbeitnehmer und Arbeitgeber, ohne Vorschriften über den Stücklohn.

Die übrigen Teile des Tarifes bilden die schützende Hülle. Sie bringen Bestimmungen über die Mitgliedschaft, über die Organe zur Festsetzung und Durchführung des Tarifes, über das Tarifamt, über die Ehrengerichte, über die Gültigkeitsdauer und über die Geschäftsordnung der Tariforgane.

Wenn man die Geschichte der Entwickelung des Tarifes überblickt, so findet man, daß von beiden Seiten, besonders aber von der Arbeitgeberseite die Tarifverträge scharf bekämpft worden sind. Heute, nachdem der Tarif viele Jahre besteht, haben beide Teile den festen Willen, den Tarif beizubehalten, wenn natürlich auch bei Verhandlungen über die weitere Verlängerung der Verträge jede Partei für sich möglichst hohe wirtschaftliche Vorteile herauszuholen versucht. Dem Verfasser ist von Arbeitgeberseite wiederholt versichert worden, daß die Stetigkeit der für Lohn zu zahlenden Preise ein außerordentlich angenehmes, nicht hoch genug zu veranschlagendes Moment sei, welches man sicher nicht missen möchte.

Herkner sagt auf Seite 248 seines Buches über „Die Arbeiterfrage": „Von Seiten der Arbeitgeber wird vor allem die Annehmlichkeit dankbar empfunden, daß die Tarifverträge „Ruhe im Gewerbe" schaffen. Sie brauchen nicht mehr zu fürchten, daß gerade dann, wenn für ihre geschäftlichen Dispositionen ein ungestörter Fortgang des Betriebes unerläßlich ist, endlose Forderungen von seiten der Arbeiter gestellt werden. Auch die Sicherheit der Kalkulation wird erheblich dadurch gefördert, daß der Arbeitgeber nun ziemlich genau weiß, wie hoch die Auslagen für Löhne in den nächsten Geschäftsperioden sich belaufen werden. Je weiter der Kreis ist, welchen die Tarifgemeinschaft umfaßt, desto geringer wird auch die Gefahr einer mit niedrigeren Löhnen arbeitenden Schmutzkonkurrenz. Da der Tarif in der Regel alle wesentlichen Punkte des Arbeitsverhältnisses ordnet, ist der individuelle Arbeitsbetrag oft durch den bloßen Hinweis auf den Tarif zu erledigen. Es ergibt sich also eine große Vereinfachung und Erleichterung in allen Beziehungen zu der Arbeiterschaft. In Gewerben, in denen sich Tarife bereits eingelebt haben, erklären die Arbeitgeber schon jetzt nicht selten, sie würden ohne Tarif überhaupt nicht mehr arbeiten lassen."

Zusammenfassung: Bei den bestehenden Tarifen können zwei Gruppen unterschieden werden: einmal sind Tarifverträge für solche Gewerbe vorhanden, bei denen überwiegend im Zeitlohn gearbeitet wird, das andere Mal bestehen Tarifverträge für solche Gewerbe, in denen fast alle Arbeiten im Stücklohn durchgeführt werden. Für die erste Gruppe von Gewerben sind die Tarifverträge bei weitem häufiger.

Die Gewerbe mit Arbeiten im Stücklohn werden recht verschieden in den Tarifen behandelt. Einige Tarife legen nur fest die Minimalstundenlöhne, unter welche der Verdienst bei Stücklohnarbeiten nicht sinken darf. Andere Tarife haben Listen mit Preisen für alle nur vorkommenden Arbeiten aufgestellt, nach denen die Arbeitsbeträge zu entlöhnen sind. Weiter findet sich, wenn sich einfache Einheiten zur Messung der Arbeitsbeträge darbieten, daß die Preise für eine solche Einheit in den Tarifen festgelegt wurden. Schließlich findet man auch beim Buchdruckertarif eine Zergliederung der Arbeitsbeträge und die Berechnung der Gesamtzeit durch Addition der Zeiten für die Teilarbeitsbeträge.

IV. Anwendung von Theorie und Praxis auf den Maschinenbau.

(Wege zur tariflichen Entlöhnung.)

Während die theoretische Bestimmung des Zeitlohnes gleich der Leistungszahl für alle Gewerbe außerordentlich schwierig erscheint, kennen die verschiedenen Gewerbe, auch solche, die dem Maschinenbau nahe verwandt sind, Tarife für Zeitlohn. Da theoretisch kein Grund vorliegt, der für den Maschinenbau die Bestimmung des Zeitlohnes schwieriger gestaltet, als für andere Gewerbe, so wäre für Zeitlohnarbeiten auch für den Maschinenbau die Aufstellung von Tarifverträgen praktisch sicher möglich.

Nun stellt aber nicht der Zeitlohn, sondern der Stücklohn diejenige Lohnform dar, welche im Maschinenbau den größten Raum einnimmt. Da der Stücklohn auch die bessere Form der Entlöhnung ist[1]) so muß das Bestreben dahin gehen, Tarifverträge für Stücklohn auszugestalten. Es liegt nahe, hierbei die Wege beschreiten zu wollen, die die bisher bekannten Tarife für Stücklohn verwendet haben.

In den bestehenden Tarifen für Stücklohn ist am häufigsten die Aufstellung von Listen für die Stückpreise, in denen sämtliche häufiger vorkommenden Arbeiten einzeln aufgeführt werden. Für die nicht aufgeführten Arbeiten wird entweder die Vereinbarung eines Stückpreises von Fall zu Fall gestattet, oder aber es wird für nicht aufgeführte Arbeiten Zeitlohn vorgeschrieben. (Sogenannte Listentarife.)

Diese Form der tariflichen Vereinbarung für Stücklohn kommt für den Maschinenbau nur selten in Frage, es sei denn, daß es sich um Spezialfabriken mit ausgesprochener Massenfabrikation handelt, wie sie die Fahrradfabriken, Schreibmaschinenfabriken, Fabriken zur Herstellung elektrischer Apparate darstellen.

Selbst für solche Fabriken käme aber nun nicht etwa ein einziger Listentarif in Frage, sondern jede Fabrik derselben Branche kann ihren besonderen Listentarif verlangen, denn je nach Organisation und Einrichtungen werden die Stückpreise verschieden ausfallen müssen. Selbst gleiche Stücke, die aus demselben Rohmaterial in denselben Endzustand übergeführt, also doch gleiche Arbeitsbeträge darzustellen scheinen, werden in verschiedenen Fabriken verschiedene Preise erhalten müssen. Ja selbst in derselben Fabrik kann dieselbe Arbeit recht verschiedene Arbeitsbeträge darstellen, wenn sie z. B. auf verschiedenen Werkzeugmaschinen vorgenommen werden kann. Ganz abgesehen davon, daß z. B. bei Werkzeugmaschinen die neuen Maschinen der einen

---

[1]) Bei Zeitlohn müßte der Arbeiter einen Lohn entsprechend seiner Leistungszahl für die vorliegende Arbeit erhalten. Er erhält meistens einen Zeitlohn entsprechend der durchschnittlichen Leistungszahl der Arbeiter seiner Schicht. Im günstigsten Falle erhält er einen Lohn entsprechend seiner eigenen durchschnittlichen Leistungszahl. Beim Stücklohn dagegen erhält er einen Geldbetrag entsprechend dem Arbeitsbetrage. Hier ist ihm die Möglichkeit gegeben, bei besonderer Eignung für eine Arbeit die Normalzeit zu unterschreiten und dadurch größere Geldbeträge zu erhalten, indem er seine eigene hohe Leistungszahl für eine vorliegende Arbeit voll zur Geltung bringt, gewissermaßen sein Kapital gut ausnutzt, so daß es ihm eine hohe Rente, das heißt eine Erhöhung seiner Leistungszahl einbringt.

Firma höhere Schnittgeschwindigkeiten zulassen als die veralteten Maschinen in der anderen Fabrik, so kann auch die Organisation des Betriebes Einfluß auf die Zeitdauer einer Arbeit haben. Erhält z. B. der Dreher in einer Fabrik die fertigen Werkzeuge von der Werkzeugausgabe, während er in einer anderen Fabrik dieselben sich selbst herrichten muß, so ist es klar, daß der Dreher der erstgenannten Fabrik kürzere Zeiten gebraucht, also auch andere Stückpreise verlangen kann.

Ist also schon für Maschinenfabriken mit ausgesprochener Massenfabrikation die Aufstellung von Listentarifen dadurch schwierig, daß für jede einzelne Fabrik eine besondere Liste vorzusehen wäre, die ständig mit der Veränderung der Einrichtungen und Organisation des Werkes zu ändern wäre, so ist die Aufstellung solcher Listentarife für Fabriken ohne Massenfabrikation so gut wie unmöglich. Bei den meisten Fabriken liegt eine so außerordentlich große Anzahl verschiedenartigster Teile vor, die außerdem täglich durch neue Teile vermehrt werden, daß die Aufzählung aller einzelnen Stücke und die auf Grund einer solchen Aufzählung notwendige Vereinbarung zwischen Arbeitgeber und Arbeitnehmer überhaupt praktisch nicht durchführbar ist. Der Weg der Listentarife ist also für den Maschinenbau nur in einigen Ausnahmefällen gangbar, nämlich in denjenigen Fabriken, in denen dieselben Teile mit denselben Einrichtungen immer in gleicher Weise bearbeitet werden.

Dagegen sind die Wege, die schon andere Tarife gehen, nämlich die Berechnung nach vereinbarten Einheitssätzen auch schon für manche Arbeiten im Maschinenbau gut denkbar. Mit anderen Worten: Statt der Listentarife werden zu benutzen sein Verfahren zur Bestimmung von Arbeitszeiten. Welche Verfahren dafür in Betracht kommen, wird von der Art der jeweils vorliegenden Arbeit abhängen. Allgemein ist nach früherem zu sagen, daß ein Verfahren umsomehr Berechtigung hat, ein „gerechtes“ zu heißen, je mehr es sich auf die Berechnung durch Zergliederung stützt, je weniger es auf Abschätzung beruht.

Im nachfolgenden sei nun gezeigt, wie auch bei Stücklohn im Maschinenbau eine tarifliche Regelung dadurch möglich zu machen wäre, daß man Verfahren zur Bestimmung von Arbeitszeiten oder von Stückpreisen im Tarife niederlegt. Nach diesen vereinbarten Verfahren, die sicher auch dem starken Wechsel der Stücke folgen können, sind dann die Arbeitszeiten oder die einzelnen Stückpreise zu berechnen. Glaubt eine der vertragschließenden Parteien, daß das im Tarife vorgesehene Verfahren für einzelne Stücke nicht zu benutzen ist, sondern versagt, so wäre erst zu entscheiden, ob eine Arbeit vorliegt, die andere Maßeinheiten als die im Tarife angegebenen verlangt. Kann keine Einigung erzielt werden, so muß der Versuch entscheiden. Der Versuch kann immer nur so angestellt werden, daß er die kürzeste Arbeitszeit ergibt. Die Höhe des auf diese kürzeste Arbeitszeit notwendigen Zuschlages muß Gegenstand des Tarifvertrages sein. Schließlich muß für solche Arbeiten, bei denen, wie früher gezeigt wurde, die Zeit einwandsfrei überhaupt nicht festzustellen ist, die Zeitlohnberechnung verlangt werden.

An einigen Beispielen seien die eben gemachten allgemeinen Angaben weiter ausgeführt. Wenn hierbei in der Hauptsache Arbeiten der mechanischen Werkstatt berücksichtigt werden, so waren hierfür folgende Gründe maßgebend: Einmal sind es wohl diejenigen Arbeiten, mit welchen im Maschinenbau die allergrößte Menge von Arbeitern beschäftigt werden, dann ist für solche Arbeiten immer ein Teil der Arbeitszeit, nämlich die sogenannte Maschinenzeit, gut durch die verschiedensten Verfahren zu berechnen, und schließlich glaubte der Verfasser durch seine frühere Tätigkeit als Betriebsingenieur gerade für diese Arbeiten bestimmtere Angaben machen zu dürfen.

Das erste Erfordernis ist die Festlegung des Arbeitsbetrages durch Begrenzung des Anfangszustandes, der Zwischenzustände und des Endzustandes. Die Unsicherheiten des Anfangszustandes durch die verschiedenen Zugaben beim Schmieden oder Gießen können durch Bestimmungen über die zulässigen Schwankungen geregelt werden. Für die Festlegung des Endzustandes ist die Grenzlehre das gegebene Hilfsmittel.

Die für Arbeiten auf Werkzeugmaschinen gebrauchte Zeit kann entweder aufgewendet werden für die Spanabnahme selbst oder aber für die Ausführung von Nebenarbeiten, wobei unter Nebenarbeiten zu verstehen sind das Aufnehmen von Werkstück und Werkzeug, Einspannen, Ausrichten, Umspannen, Abspannen usw. Die Zeit für die Spanabnahme, kurz Maschinenzeit genannt, kann für Oberflächenarbeiten durch Annahme von Vorschub und Schnittgeschwindigkeit oder auch meist genau genug durch die Zeit für einen „qcm" berechnet werden, für Schrubbarbeiten ist in ähnlicher Weise die Berechnung der Gesamtzeit aus der Zeit der Spanabnahme für einen „ccm" möglich. Selbstverständlich sind weder die Werte für Vorschübe und Schnittgeschwindigkeiten noch die Zeit für einen „qcm" oder für einen „ccm" immer gleich hoch zu wählen, sondern dieselben sind zu stufen z. B. nach Form oder Material des Werkstückes, nach dem Werkzeug und nach der vorhandenenen Werkzeugmaschine, auf der die Arbeit vorzunehmen ist. Von dieser Werkzeugmaschine müssen bekannt sein die erreichbaren Arbeitsgeschwindigkeiten und Vorschübe. Fig. 7 zeigt z. B. eine Maschinenkarte, wie sie zur Bestimmung der auf einer bestimmten Maschine erreichbaren Arbeitsgeschwindigkeiten und Vorschübe dienen kann. An Hand dieser Karte, deren Angaben durch Versuche an der Maschine ein für alle Mal einwandsfrei festgestellt werden, ist man imstande, die Zeit für die Spanabnahme einer vorliegenden Arbeit zu bestimmen.

Die Aufstellung einer solchen Karte kann entweder in jeder Werkstatt selbst erfolgen, noch mehr zu empfehlen wäre es aber, wenn man bei Beschaffung der Maschine eine solche ausgefüllte Karte vom Lieferanten erhält, der die geeignete Instanz sein dürfte, um diese Versuche einmal für alle Abnehmer der Maschine vorzunehemen, dann aber auch großes Interesse haben wird, daß zwar die zur Ausnutzung der Maschine möglichen Höchstleistungen festgelegt werden, schließlich aber auch in dieser Karte eine Art Garantie zu geben hat, daß die angeführten Leistungen auch ohne Schaden für die Maschine dauernd zur Verwendung kommen dürfen.

Wenn auf diese Weise sichere Unterlagen für die Feststellung von Maschinenzeiten geschaffen, so könnte durch die Tarifverträge bestimmt werden, daß eine solche Karte an jeder Maschine ausgehängt wird, damit der Arbeiter jederzeit in der Lage ist, festzustellen, ob die Angaben für die Maschine, nach denen die Arbeitszeit für die von ihm auf der Maschine auszuführenden Stücke berechnet wird, auch zutreffen.

Die Festlegung einwandsfreier Zeiten für die Nebenarbeiten ist erheblich schwieriger. Nehmen die Nebenarbeiten nur einen

Universal-Fräsmaschine Nr. ....

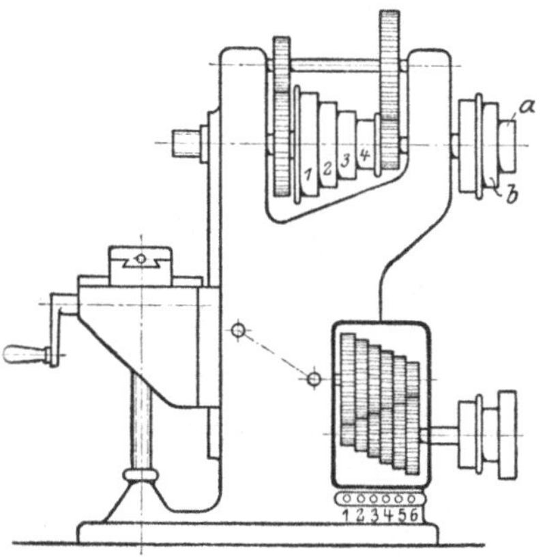

Vorschübe s in mm/Min.			Umdrehungen der Frässpindel		
Griff in Stellung	Riemen auf Scheibe	s	Riemen auf Stufe	Räder- vor- gelege	n
1	a	5	1	mit	24
2	a	8	2	mit	37
3	a	12			
4	a	16	3	mit	59
5	a	22	4	mit	90
6	a	30			
1	b	42	1	ohne	147
2	b	58			
3	b	80	2	ohne	226
4	b	110	3	ohne	354
5	b	150			
6	b	210	4	ohne	547

Tischgröße: .... | Größter Spanquerschnitt: ....
Größter Abstand der Frässpindel bis Tisch .... | Größte Spantiefe bei: ....
Abstand Tisch bis Fußboden (min.): .... | Größte Spanbreite bei: ....
Bewegungen des Bettes: .... | ....
Bewegungen des Tischschlittens: ..... | ....
.... | Besondere Ausstattung: ....
Antriebskraft in PS: .... | Werkzeuge: ....
Durchzugskraft an der Spindel: .... | ....
.... | Datum der Beschaffung: ....
Bearbeitungsklasse: .... | Zustand am: ....
 | Bemerkungen: ....

Fig. 7.

kleinen Bruchteil der Gesamtzeit ein, so darf man einen Zuschlag in % der Maschinenzeit als zulässig erachten. Andernfalls müssen auch die Zeiten für die Nebenarbeiten festgestellt werden. Eine solche Regelung ist mit Erfolg versucht worden im Buchdruckertarif, in dem mehrfach Preise auch für Nebenarbeiten festgelegt werden. Daß eine solche Festlegung von Preisen für Nebenarbeiten auch im Maschinenbau möglich sein muß, beweist der Umstand, daß Tausende und Abertausende von Akkorden in der Praxis in Gebrauch sind, die auch solche Nebenarbeiten einschließen. Bei diesen pflegen sogar die Nebenarbeiten nur durch allgemeine Schätzung festgelegt zu werden, während sicher sich auch für Nebenarbeiten durch eine Reihe von Messungen gute Mittelwerte schaffen lassen. Es sei z. B. ein Stück auf eine Planfräsmaschine aufzuspannen, so daß die Oberfläche des Stückes bearbeitet werden kann. Auch hier sind je nach Größe und Form des Stückes, wodurch die Arbeit der Aufspannung bedingt wird, Zeiten festzulegen, die entweder direkt als Normalzeiten als Mittelwerte, aus einer Reihe von Beobachtungen, gewonnen werden oder aber aus der Messung der kürzesten Zeit + Zuschlag sich ergeben. Wenn man bedenkt, daß immer dieselben Nebenarbeiten wiederkehren, so müßte es möglich und sogar auch von Vorteil sein, die Zeiten für diese Nebenarbeiten besonders zu bestimmen, wenn auch zugegeben werden muß, daß die Anzahl solcher festzulegenden Einzelarbeitsbeträge bei Fabriken mit ausgesprochener Einzelfabrikation recht erheblich werden kann.

Anfänge solcher allgemeinen Regelung der Stückpreise sind heute schon vielfach vorhanden. Fast jede Maschinenfabrik hat ihre Bohrtabelle, nach welcher das Bohren von Löchern bezahlt wird, wobei neben der Zeit oder dem Preise für reine Bohrarbeiten auch meist noch Bestimmungen über die Zuschläge vorhanden sind, nach denen die Zeit oder der Preis für Auf- und Abspannen berechnet wird.

Während also bei den Arbeiten in den mechanischen Werkstätten im allgemeinen eine tarifliche Regelung der Arbeitszeiten möglich erscheint, wird dagegen bei Montagearbeiten, falls ihre Zwischenzustände nicht genau festliegen, eine gerechte Zeitbestimmung nicht möglich sein. Die Zwischenzustände liegen nur dann fest, wenn die Einzelteile mit genau begrenzten Endzuständen zur Anlieferung kommen, was z. B. erreicht werden kann durch

Kontrolle der Zwischenzustände durch Toleranzlehren. In solchen Fällen ist eben der Arbeitsbetrag der ganzen Montagearbeit fest begrenzt.

Nur solche Montagearbeiten, deren sämtliche Zwischenzustände festliegen, können durch Stücklohn entlohnt werden. Wenn trotzdem heute in vielen Werkstätten auch für andere Montagearbeiten Stückpreise festgesetzt werden, so ist dies bei unserem heutigen Akkordsystem, bei welchem die Arbeiter nicht über einen bestimmten Satz verdienen dürfen, wohl möglich, weil die Arbeiter immer nur soviel anschreiben, wie sie höchstens verdienen dürfen. Den Rest behalten sie zurück als geheimen Sicherheitsfonds, der bei denjenigen Arbeiten, die zu knapp geschätzt wurden, oder bei denen sich selbst verschuldete Aufenthalte ergaben, dann aufgebraucht wird. Verfasser hat bei Montagearbeiten, bei welchen Gruppen von 10—15 Arbeitern an einem Akkord teilnahmen, den Fall gehabt, daß eine Kolonne bis 1000 Mark als Sicherheitsfonds für solche Fälle übrig hatte, wo die Montage Schwierigkeiten machte, oder die Zeit durch eigenes Verschulden überschritten wurde. Das Beispiel beweist aufs Neue die Unsicherheit der Zeitbestimmung von Montagearbeiten, weshalb man sagen darf, daß Montagearbeiten für die tarifliche Regelung in Stücklohn wegen ihrer unsicheren Zwischenzustände nicht geeignet erscheinen, es sei denn, daß man durch besondere Vorschriften über die Grenzen der Abweichungen der Zwischenzustände die Größe des Arbeitsbetrages festlegt und entsprechend diesen verschiedenen Größen die Zahl für die Verrichtung solcher Arbeiten verschieden bemißt.

So kann der Wunsch, eine genaue Festlegung der Arbeitszeit zu ermöglichen, dazu führen, die Arbeit selbst genauer zu kontrollieren, um gleichmäßige Zwischenzustände zu erhalten. Überhaupt werden bei Einführung von Verfahren zur Bestimmung von Arbeitszeiten sich manche Begleiterscheinungen ergeben. Diese werden für einen geregelten Betrieb immer von Vorteil sein, aber häufig von dem einzelnen unangenehm empfunden werden.

Viele heute auf der Tagesordnung stehende Streitigkeiten in den Betrieben wegen der Stücklöhne entstehen durch die unsichere, auf Schätzung beruhende Bemessung der Arbeitszeiten. Diese Unsicherheit ist auch der Grund, weshalb man eine Höchstverdienstgrenze in allen Betrieben, wenn nicht offen, so doch im geheimen festlegt. Diese Begrenzung widerspricht vollkommen dem Gedanken des Stücklohnes. Durch Einführung guter Verfahren zur Bestimmung von Arbeitszeiten ist diese Begrenzung nicht mehr notwendig.

In jeder Werkstatt, falls sie nicht schon eine Berechnung der Arbeitszeiten vornimmt, bestehen Stücklohnsätze, die einen viel höheren Geldbetrag, als dem Arbeitsbetrage zukommt, erhalten. Solche „guten Akkorde" werden von der Arbeitnehmerseite sorgfältig gehütet, damit sie nicht bekannt werden. Während für das Bekanntwerden aller „schlechten Akkorde" sicher durch den Arbeitnehmer gesorgt wird, bleiben die guten Akkorde verborgen. Ja, es kommt vor, daß in einer Fabrikabteilung alle Akkorde zu hoch sind, auch alle neuen Accorde für einen Arbeitsbetrag zu hohe Geldbeträge geben, weil die abschätzende Methode auf Grund der früheren falschen Schätzungen immer wieder zu neuen falschen Schätzungen führen muß. Solche „guten Akkorde" werden bei Benutzung von guten Verfahren zur Bestimmung von Arbeitszeiten verschwinden zum Leidwesen der Betroffenen, aber der Grundsatz: Gleiche Entlöhnung für gleiche Arbeitsbeträge muß höher stehen als solche den einzelnen unangenehmen Nebenerscheinungen.

V. Zusammenfassung.

Auf Grund der vorliegenden Untersuchung wird die Beantwortung der gestellten Frage folgende sein:

„Die im Maschinenbau üblichen Löhnungsmethoden erfordern eine verschiedene Behandlung in den Tarifverträgen. Bei der Forderung, daß der Zeitlohn bei gerechter Entlöhnung der Leistungszahl zu entsprechen hat, scheint die rein theoretische, rechnerische Festlegung dieser Ziffer außerordentlich schwierig, wenn nicht gar unmöglich. Die Praxis dagegen zeigt, daß gerade in fast allen bestehenden Tarifen Vereinbarungen über die Höhe dieses Zeitlohnes vorhanden sind, daß also die Festlegung der Leistungszahl praktisch möglich ist. Daher muß auch für den Maschinenbau in Fabriken mit geregelter Fabrikation die Möglichkeit der Regelung des Zeitlohnes durch Tarife zugegeben werden. In welcher Weise dieser Zeitlohn für den einzelnen Arbeiter zu stufen wäre, in welcher Weise diese Löhne innerhalb einer Arbeiterschicht, eines Gewerbes sich ändern können, in welcher Weise schließlich die verschiedenen Gewerbe gegeneinander abzustufen sind, darüber können die theoretischen Betrachtungen über die Leistungszahl gute Anhaltspunkte geben. Nun ist aber nicht der Zeitlohn, sondern der Stücklohn die im Maschinenbau am häufigsten verwendete Entlöhnungsform, daher werden Zeitlohntarife für den Maschinenbau nur selten in Betracht kommen.

Beim Stücklohn muß außer dem Zeitlohn noch bekannt sein die Zeitdauer der Arbeit, die Arbeitszeit. Soll ein Stücklohn vor Ausführung der Arbeit festgestellt werden, so muß auch die Arbeitszeit vorher bestimmbar sein. Hierfür ist Bedingung, daß die Größe des verlangten Arbeitsbetrages genau festliegt. Die Größe des Arbeitsbetrages kann bei Zeitlohn unbekannt sein, bei Stücklohn muß sie aber festliegen. Alle neuen Arbeiten, deren Arbeitsbeträge nicht vorher genau umgrenzt werden können, sind daher niemals im Stücklohn, sondern immer im Zeitlohn zu entlöhnen. Es sind also bei Stücklohntarifen solche Arbeiten, deren Arbeitsbetrag nicht vorher festzustellen ist, von der Bezahlung durch Stücklohn auszunehmen.

Weiter sind die Zeiten für solche Arbeiten nicht meßbar, die nicht ein Aneinanderreihen einzelner, mechanischer Bewegungen darstellen, lediglich auf Grund von häufig ausgeführten Beobachtungen und Überlegungen, sondern die einen denkenden Menschen verlangen, die also jene besondere Hirntätigkeit auslösen, die man mit Erfindung neuer Arbeitsgänge bezeichnen könnte. Auch solche Arbeiten müssen von der Entlöhnung durch Stücklohn ausgenommen werden, da hier eine gerechte Entlöhnung nicht möglich ist, weil die Zeiten für Erfindungsarbeiten nicht vorher bestimmbar sind. Für alle anderen Arbeiten ist die Möglichkeit vorhanden, Stücklohnsätze vor der Ausführung aufzustellen, auch für Überlegungsarbeiten, die nur ein gewohnheitsmäßiges Aneinanderreihen von Gedankengängen darstellen, denn auch diese sind der Zeit nach meßbar, so setzt Fred. W. Taylor z. B. in seinen Unterweisungskarten die Zeit für das Durchlesen der Karte fest.

Die einzelne Aufführung der verschiedenen vorkommenden Arbeiten in Listen, die Aufstellung von Listentarifen, ist praktisch wegen der außerordentlich großen Zahl der Stücke, wegen des täglichen Wechsels derselben im Maschinenbau nur ausnahmsweise durchführbar, auch deshalb nicht zu empfehlen, da jede Fabrik ihren besonderen Listentarif verlangen kann. Es können aber durch die Tarife festgelegt werden die Verfahren, nach denen die Stückpreise oder die Zeiten festgestellt werden sollen. Von den verschiedenen hierfür in Betracht kommenden Verfahren sind am wenigsten diejenigen geeignet, die lediglich auf die subjektive Schätzung sich stützen, am meisten geeignet diejenigen, die sich der Berechnung durch Zergliederung bedienen. Alle anderen Verfahren, die gewissermaßen die Zwischenglieder zwischen den beiden eben genannten Verfahren bilden, werden mehr oder weniger ausreichende Unterlagen für den gedachten Zweck den Tarifverträgen darbieten. In Zweifelsfällen, wo die Benutzung des gewählten Verfahrens nicht gerecht zu sein scheint, muß der Versuch entscheiden. Der Versuch kann immer nur die kürzeste Arbeitszeit ergeben. Die Normalarbeitszeit wird gebildet durch die kürzeste Arbeitszeit + einem Zuschlag. Die Festsetzung der Höhe dieses Zuschlages für verschiedene Arbeiten ist Aufgabe der Tarifverträge.

Bei Beschreitung dieses Weges, tarifliche Regelung der Arbeitszeit oder des Stücklohnes durch Vereinbarungen über die zur Feststellung dieser zu benutzenden Verfahren, scheint auch für Stücklohn mit Ausnahme von Arbeiten, die nicht genau begrenzt werden können, oder bei denen Erfindungsarbeiten verlangt werden, die Aufstellung von Tarifverträgen bei Stücklohn für den Maschinenbau möglich.

VI. Neue Bedenken gegen Tarifverträge.

Im Vorstehenden sollte gezeigt werden, ob die Anwendung von Tarifverträgen bei den im Maschinenbau üblichen Löhnungsverfahren überhaupt möglich ist. Erst nach Lösung dieser Frage ist zu untersuchen, welche Gründe, die sowohl von Arbeitgeberwie von Arbeitnehmerseite gegen die Tarifverträge geltend gemacht werden, stichhaltig sind.

Allgemein muß gesagt werden: Da die bisher in den Tarifen bestehenden Ausführungsformen sowohl für Zeitlohn als auch für Stücklohn oft nicht unerheblich von der zu fordernden gerechten Entlöhnung abweichen, ergeben sich bei den bestehenden Tarifen für beide Parteien Angriffspunkte, die bei der oft nicht eingestandenen Abneigung gegen eine gerechte Entlöhnung mit Freuden aufgegriffen werden, um die Tarifverträge überhaupt zu bekämpfen. Es ist nicht Aufgabe dieser Arbeit, auf diese Einwände einzugehen, dagegen seien kurz diejenigen Einwände gestreift, die gegen die aus der Arbeit sich neu ergebenden Gesichtspunkte für die Aufstellung von Tarifverträgen für Stücklohn sich ergeben können.

Für Stücklohntarife wurde an Stelle der bisher meist üblichen Aufstellung von Listentarifen die ausgiebige Benutzung von Verfahren zur Bestimmung von Arbeitszeiten als Grundlage für die Tarife empfohlen.

Zwar wird man an und für sich die Möglichkeit der Benutzung von Verfahren zur Berechnung von Stückpreisen oder Arbeitszeiten für viele Zweige des Maschinenbaues nicht bezweifeln können, wenn man sieht, daß fast alle Fabriken heute bestrebt sind, an Stelle der veralteten Abschätzung von Fall zu Fall irgend eine geregeltere Feststellung der Stückpreise mit Erfolg einzuführen aber man wird erhebliche Bedenken dagegen äußern, daß man diese Verfahren durch die Tarifverträge der Öffentlichkeit zugänglich macht, also die sorgsam behüteten „Kalkulationsgeheimnisse" preisgibt. Sicher ist, daß bei Verwendung solcher Verfahren in Tarifverträgen auch nicht mehr die Möglichkeit besteht, bei der Kalkulation der Löhne Geheimniskrämerei zu treiben, da ja der Arbeiter imstande sein muß, seine Löhne nach den Verfahren sich nachzurechnen.

Zwei Folgen kann nun die Bekanntgabe der Verfahren haben. Entweder kann die Konkurrenz dieselben Verfahren sich zu eigen machen, und ihrerseits mit denselben Verfahren ihre Arbeitszeiten oder Stückpreise bestimmen, oder aber die Bekanntgabe der Verfahren wird benutzt, um der Konkurrenz nachzurechnen, welche Selbstkosten der Arbeit sich wohl für einen vorliegenden Gegenstand bei der Konkurrenz ergeben dürften.

5*

Die gleichzeitige Benutzung desselben Verfahrens von zwei Konkurrenzfirmen müßte dazu führen, daß für gleiche Arbeitsbeträge auch gleiche Geldbeträge gegeben würden. Es muß also das Bestreben sein, die Arbeitsbeträge selbst herunterzudrücken, d. h. die wirtschaftlichste Form der Überführung der Rohstoffe zum Fertigprodukt sich anzueignen. Während früher Ersparnisse erzielt wurden durch Herabsetzung der Stückpreise, muß jetzt das Bestreben sein, die Art der Bearbeitung zu vereinfachen.

Ein Nachrechnen der von der Konkurrenz für eine Arbeit aufzuwendenden Lohnbeträge, um daraus Rückschlüsse zu machen auf die von der Konkurrenz aufzuwendenden „Selbstkosten der Arbeit", um mit Hilfe des vielleicht noch bekannten Verkaufspreises die Höhe der Gewinne und der Unkosten nachrechnen zu können, hat nur dann Aussicht auf Erfolg, wenn man die Arbeitsbeträge genau kennt, d. h. wenn man weiß, welche Arbeitsgänge die Konkurrenz bei Herstellung des Stückes benutzt. Wäre auch dieses bekannt, so wäre es möglich, nach Abzug der Lohnbeträge vom Verkaufspreis, die Summe festzustellen, die die Konkurrenz für Material + Unkosten + Gewinn aufwendet. Bestreben der Konkurrenz müßte dann sein, diese Summe im eigenen Geschäft zu einem Minimum zu machen, sicher eine Aufgabe, die sozial höher steht, als das Bestreben, die Summe aus Material + Löhne +Unkosten zu verringern, wobei man leicht in Versuchung kommt, mit den Löhnen zu beginnen, weil man hierbei schnellere Ergebnisse erhält als bei dem Herabdrücken der Unkosten.

Es darf daher behauptet werden, daß die Bekanntgabe von Verfahren zur Berechnung von Arbeitszeiten oder Stückpreisen keinerlei Nachteile mit sich bringt, eher einen sozialen Fortschritt darstellt. Als solcher wird er auch von denjenigen Gewerben, bei denen sich die Stückpreisberechnung nach den Verfahren des Tarifes vorfindet, empfunden, besonders wenn dieselben erst durch jahrzehntelangen Gebrauch geläutert wurden. Hiervon geben beredtes Zeugnis die Veröffentlichungen des Tarifamtes der deutschen Buchdrucker (Buchdruckertarif nebst Kommentar, Vorworte zu neuen Auflagen.)

Schließlich werden noch nationale Gründe gegen die Einführung von Tarifverträgen ins Feld geführt. Es wird behauptet,

daß man durch die Bindung an die Tarifverträge nicht genügend
Beweglichkeit behält, um mit dem Auslande erfolgreich in den
Wettbewerb treten zu können. Berechtigt können solche Vor-
würfe höchstens für die heute üblichen Ausführungsformen der
Tarife sein; man denkt dabei wohl meistens an die für Stücklöhnung üblichen Listentarife. Der Tarifvertrag ist aber im Grunde
genommen das Suchen nach der gerechten Entlöhnung.

Dann würde der obige Einwand besagen, daß man deshalb
nicht mehr wettbewerbsfähig bleibt, weil man durch die Tarifverträge gezwungen wird, gerechte Löhne zu zahlen, oder umgekehrt, wenn man heute wettbewerbsfähig ist, so ist man es nur durch
die Zahlung niedriger Löhne. Demnach ist die deutsche Industrie
nicht durch die wirtschaftlich vollkommenere Form ihrer Maschinen,
ihrer Fabrikeinrichtungen, ihrer Organisation heute gegenüber dem
Auslande wettbewerbsfähig, sondern durch geringe Lohnzahlung.
Das wäre schließlich der Sinn dieser nationalen Tariffurcht.

Dem deutschen Maschinenbau würdig ist aber vielmehr die
Aufgabe, trotz der Gebundenheit an einen gerechten Lohn, durch
die vollkommenste, wirtschaftliche Form der Umsetzung des Roh-
stoffes zum Gebrauchsgegenstand den Wettbewerb mit dem Aus-
land erfolgreich aufzunehmen. Nicht bei den Selbstkosten der Arbeit,
bei den Löhnen, sind die Ersparnisse anzubringen, sondern bei den
die Unkosten bestimmenden Größen, und auf diesem Gebiete sollen
ja auch die Tarifverträge keineswegs hindernd eingreifen oder die
Beweglichkeit der Firmen beeinträchtigen.

Literaturverzeichnis.

Beck: Gerechter Arbeitslohn.

Bernhard: Handbuch der Löhnungsmethoden.

Bienkowski: Untersuchungen über Arbeitseignung und Leistungsfähigkeit. (Doktor-Dissertation, Königl. Techn. Hochschule zu Berlin, 1910.)

Buchdruckertarif 1907.

Herkner: Die Arbeiterfrage.

Koeppe: Der Arbeitstarifvertrag als Gesetzgebungsproblem.

Kraepelin: Die Arbeitskurve, Leipzig 1902.

Lilienthal: Fabrikorganisation, Fabrikbuchführung und Selbstkostenberechnung der Firma Ludwig Loewe A.-G.

Lotmar: Der Arbeitsvertrag nach dem Privatrecht des deutschen Reiches.

Mosso: Die Ermüdung. Deutsch von Glinzer, Leipzig 1892.

Oppenheimer: Die soziale Frage und Sozialismus.

Schoenbergs Handwörterbuch der politischen Ökonomie.

Schloss, F. David: Methods of Industrial Remuneration.

Statistisches Amt: Beiträge zur Arbeiterstatistik, B. 4.

Taylor-Wallichs: Die Betriebsleitung.

Taylor: The Principles of Scientific management, deutsch von Roesler, München 1913.

Technik und Wirtschaft: **Wallichs,** Moderne amerikanische Fabrikorganisation. 1912. Heft 1.

Zeitschrift des Vereins deutscher Ingenieure: **Schiller,** Das Prämiensystem der Lohnberechnung. 1903. Seite 1207.

Werkstatts-Technik: **Neuburger,** Zergliederung und Messung der Arbeitsleistungen. 1912. Seite 529. — **Rotert,** Beitrag zum Studium der Löhnungsmethoden. 1909, Seite 65. — **Selter,** Tarifverträge in Maschinenbau-Großbetrieben. 1911, Seite 80.

Schriften des Vereins für Sozialpolitik. 135. Band. 3. Teil.

Archiv für Sozialwissenschaft und Sozialpolitik: 1908 und 1909.

Lebenslauf.

Geboren 1878 zu Berlin, besuchte ich von 1898—1903 die Königliche Technische Hochschule zu Berlin, an der ich Juli 1903 mein Diplom-Examen bestand.

Bis zum Jahre 1910 war ich in den verschiedensten Fabriken in Magdeburg, Breslau, Kalk bei Cöln und Frankenthal hauptsächlich im Betriebe tätig.

Seit Oktober 1910 bin ich Lehrer an der Beuth-Schule, der höheren technischen Lehranstalt der Stadt Berlin.

Veranlaßt durch meine frühere Praxis im Betriebe, wandte ich mich dem wissenschaftlichen Studium über die Fragen der Arbeiterentlöhnung zu.

Für die Fertigstellung der vorliegenden Arbeit kam mir das eingehende Interesse, die vielfachen Hinweise und Ergänzungen des Herrn Professor Dr. Ing. Schlesinger sehr zu statten, dem ich für seine bereitwillige Hilfe sehr zu Dank verpflichtet bin.

Ernst Weißhuhn.